宁夏退耕还林工程生态效益监测研究与评价

◎ 潘占兵　王云霞　王治啸　高红军　左　忠　等　著

中国农业科学技术出版社

图书在版编目(CIP)数据

宁夏退耕还林工程生态效益监测研究与评价 / 潘占兵等著. --北京：中国农业科学技术出版社，2022.10

ISBN 978-7-5116-5955-2

Ⅰ.①宁… Ⅱ.①潘… Ⅲ.①退耕还林-生态效应-监测-研究-宁夏 Ⅳ.①S718.56

中国版本图书馆 CIP 数据核字(2022)第 181935 号

责任编辑 李冠桥
责任校对 李向荣
责任印制 姜义伟 王思文

出 版 者 中国农业科学技术出版社
北京市中关村南大街 12 号 邮编：100081
电　　话 (010) 82109705 (编辑室) (010) 82109702 (发行部)
(010) 82109709 (读者服务部)
网　　址 https://castp.caas.cn
经 销 者 各地新华书店
印 刷 者 北京建宏印刷有限公司
开　　本 170 mm×240 mm 1/16
印　　张 11
字　　数 210 千字
版　　次 2022 年 10 月第 1 版 2022 年 10 月第 1 次印刷
定　　价 68.00 元

资助项目

1. 宁夏退耕还林工程效益监测项目，国家退耕还林工程生态效益监测项目；
2. 2022 年宁夏回族自治区自然基金项目宁夏典型生态区域大气降尘通量时空变化规律及元素组成溯源解析（编号 2022AAC03417）；
3. 宁夏农业高质量发展和生态保护科技创新示范项目——基于有效防控风蚀的贺兰山沿山葡萄适宜种植区域识别研究（NGSB-2021-4-3）；
4. 2022 年中央财政林业科技推广示范项目“生态经济型旱生乡土植物林草间作效益提升技术示范推广”；
5. 宁夏回族自治区第六批科技创新领军人才项目；
6. 国家重大科技基础设施“中国西南野生生物种质资源库野生植物种质资源的调查、收集与保存”——宁夏重要野生植物种质资源的采集和保存（项目编号：WGB－1514、1605、2103）。

《宁夏退耕还林工程生态效益监测研究与评价》

主要撰写与工作人员

潘占兵　王云霞　王治啸　高红军　左　忠

张安东　王家洋　马静利　余海燕　宿婷婷

温学飞　许　浩　董方圆　温淑红　杨　斌

肖爱萍　董丽华　张　宇　呼延钦　程凤芝

朱继平　许　扬　李燕玲　贝盏临　孙秀娟

王　瑞　杨　慧　尤万学　秦伟春　余　殿

范金鑫　谢国勋　叶　瑞　郭琪林　田生昌

王少云　杨　英　季文龙　王宗华　高　媛

王　冠　付　晓　杨彩燕　李　龙　孔丽婷

杨　婧　开建荣　王彩艳　单巧玲　赵丹青

冯立荣　黄　婷　朱　睿　孙　果　王晓芳

彭期定　胡梦媛　郝丽波　王建红　瞿红霞

张二东　赵文君　张　波　王新伟　邓莉梅

内容简介

鉴于多年来宁夏退耕还林生态建设工程实施，具体的生态效益不清，缺乏系统性评价等现状，本书依托在全区范围布设的长期野外生态定位监测站，结合长期大面积、多类型、系统性样地调查研究，以未治理自然地貌、放牧草地、农田等为对照，分别从防风固沙、水土保持、固碳释氧、土壤改良、林地水分平衡、小气候与空气质量改善等方面，对宁夏3种退耕还林建设工程及其他典型生态修复工程进行了生态效益监测与评价研究。为全面系统掌握宁夏退耕还林工程及典型植被主要生态功能，明确主要造林树种林分配置与生态功能的量化关系，解决生态修复与林业建设工程中面临的重大科学问题提供解决对策，为深入推进退耕还林工程建设，科学指导宁夏林业综合效益可持续发挥和林地可持续经营提供技术支撑。

前　　言

实施退耕还林，是党中央、国务院站在民族生存和发展的战略高度作出的一项重大战略决策。宁夏地处黄河上游、腾格里沙漠和毛乌素沙地南缘，水土流失和风沙危害均十分严重，是我国生态建设十分重要的区域。

自2000年开展试点以来，宁夏第一轮退耕还林共完成营造林1 305.5万亩（1亩约为667m^2），其中退耕造林471万亩，国家累计兑现政策补助资金128.49亿元，其中直补给退耕农户93.69亿元，32.32多万退耕农户、153万退耕农民人均受益6 123元。2015年启动退耕还林工程后，6年间国家共下达宁夏退耕还林任务41.47万亩，拨付中央补助资金6.11亿元，其中种苗补助1.31亿元，政策补助4.8亿元。除青铜峡市外，工程建设范围覆盖了宁夏21个县（市、区）和自治区农垦集团，涉及34万户、156万人，人均享受国家政策补助6 438元。前一轮的退耕还林，宁夏退耕农民人均退耕面积3.08亩，是全国退耕农民的2.75倍。21年来，工程建设取得了巨大的生态和经济社会效益，宁夏重点地区生态环境得到有效改善，农村产业进一步优化，广大退耕农户生计无忧，为宁夏脱贫攻坚发挥了重要支撑作用。

由于宁夏财政资金有限，退耕还林工程效益监测评价工作开展滞后，与国家的要求有很大差距。为确保退耕还林工程效益监测工作的正常开展，经多方争取项目资金，2008年初正式启动了生态效益监测工作，开创了宁夏重点林业工程进行全面效益监测评价的先河，有力地促进了宁夏退耕还林工程的健康持续发展，也为其他生态工程效益定量监测与评价提供范例。

《宁夏退耕还林工程生态效益监测研究与评价》坚持用数据说话，以向人民报账为宗旨，分别从防风固沙、水土保持、固碳释氧、土壤改良、林地水分平衡、小气候与空气质量改善等方面，持续、系统、全面、客观、真实反映了不同树种、典型树种不同树龄、不同立地条件下，宁夏退耕还林工程代表区域退耕还林、荒山造林和封山育林 3 种退耕类型对生态效益的影响，初步对宁夏退耕还林工程建设主要生态指标的影响和生态环境的改善程度作出了系统客观的评价。

本书为宁夏退耕还林历年生态效益监测成果形成的初步评价报告，得到了国家退耕办段坤处长，中国林业科学院王兵首席、牛香研究员及其团队，以及宁夏回族自治区林草局徐忠总工程师的多次指导和支持，凝聚了全体监测及工程管理人员久久为功的可贵精神、辛勤汗水和学术智慧。在此，向长期支持宁夏退耕还林工程建设及生态效益监测工作的国家、省（区）、市、县各级领导，各位老师、同人致以崇高的敬意。同时，在撰写分析过程中，也参阅了大量的最新一线资料，在此特为相关文献完成者致以诚挚的感谢！在资料收集整理和数据分析过程中难免有遗漏和瑕疵，不足之处，敬请批评指正。

著　者

2022 年 7 月

目　录

第一章　退耕还林还草工程简介

第一节　中国退耕还林还草工程基本情况

中国是传统的农业大国。长期以来，人口快速增长的压力以及相对粗放的生产方式，致使大量森林、草原、湿地被改变用途。大面积毁林开荒造成土壤侵蚀量不断增加，水土流失加剧，土地退化严重，旱涝灾害不断，生态环境恶化。因毁林毁草开荒、坡地耕种，长江、黄河上中游地区已成为世界上水土流失最严重的地区之一，每年流入长江、黄河的泥沙量20多亿t，其中有2/3来自坡耕地。1998年，长江、松花江流域发生特大水灾，全国上下都强烈地意识到，加快林草植被建设，改善生态状况，已成为全国人民面临的一项紧迫的战略任务，是中华民族生存与发展的根本大计。

1998年10月，中共中央、国务院制定了《关于灾后重建、整治江湖、兴修水利的若干意见》，把“封山植树、退耕还林”放在灾后重建“三十二字”综合措施的首位。1999年8—10月，国务院主要领导先后视察了陕西、云南、四川、甘肃、青海、宁夏6省（区），要求统筹考虑加快生态环境建设、实现可持续发展和解决粮食库存积压等一系列问题，提出“退耕还林（草）、封山绿化、以粮代赈、个体承包”的政策措施，决定1999年在四川、陕西、甘肃3省率先开展试点，拉开了中国退耕还林还草工程计划的序幕。退耕还林工程的启动，正值我国长江、黄河等大江大河生态极度脆弱且不断恶化之际。在空前的生态灾难面前，党中央、国务院站在中华民族生存与发展的高度，作出重大战略抉择，投入数千亿元资金，先后上马了退耕还林等林业重点工程。

中国退耕还林还草工程是世界上投资最大、政策性最强、涉及面最广、群众参与程度最高的生态工程，是构建人与自然生命共同体最具标志性的世界超级生态工程。退耕还林工程的实施，改变了农民祖祖辈辈垦荒种粮的传统耕作习惯，实现了由毁林开垦向退耕还林的历史性转变，取得了显著的综合效益，加快了国土绿化进程，对改善我国生态环境效果显著，为建设生态文明和美丽中国作出了突出贡献。通过实施退耕还林还草，长江、黄河中上游等大江大河流域及重要湖库周边水土流失状况得到明显改善，北方地区土地沙化和西南地区石漠化现象得到有效遏制，野生动物栖息环境得到有效修复，生物多样性得以保护和加强。大规模退耕还林还草为增加森林覆盖率、参与全球生态治理作出了重大贡献。20多年来，在全球森林面积和蓄积不断减少的情况下，退耕还林还草为确保我国连续多年保持“双增长”和人工林保存面积长期处于世界首位作出重要贡献，推动我国提前实现了《联合国2030年可持续发展议程》确立的“到2030年实现全球土地退化零增长”目标。据NASA（美国国家航空航天局）2019年研究结果，21世纪以来中国绿色面积净增长排名全球首位，根据同期数据推算，退耕还林还草贡献了全球绿色面积净增长的4%以上。2019年2月，美国《自然》杂志发表文章，对我国实施退耕还林、应对气候变化作了详细介绍，呼吁全球学习中国的经验（李世东，2021）。

截至2020年，中央财政累计投入5 353亿元，在25个省（区、市）2 435个县实施退耕还林还草5.22亿亩，占同期全国重点工程造林总面积的40%，有4 100万农户1.58亿农民直接受益。工程建设取得了巨大成效，每年产生的综合效益达2.41万亿元（李世东，2021）。1999—2013年，全国共实施前一轮退耕还林任务4.47亿亩，其中退耕还林1.39亿亩，宜林荒山荒地造林2.62亿亩，封山育林0.46亿亩。工程范围涉及2 279个县（含县级单位），3 200万农户，1.24亿农民直接受益。中央对前一轮退耕还林工程总投入4 449亿元，在政策补助上开创了大范围直补农民的先例。原国家林业局逐年开展的阶段验收结果显示，前一轮退耕还林工程计划面积保存率99%以上，工程管理规范，造林质量较高，建设成效显著，退耕还林成果得到较好巩固（周鸿升，2019）。据监测评估，退耕还林年经济效益2 600多亿元。结合退耕还林还草，有关地方通过发展木本粮油、干鲜果品和林下经济等，建立一大批生态产业基地，培育壮大了生态产业。特别是新一轮退耕还林还草大大促进了经济林发展，2014—2019年种植经济林3 567万亩，占计划总任务的58%。退耕还林还草大多在老少边穷地区实施，成为精准扶贫的有力推手。20年来有812个贫困县实施了退耕还林还草，占全国贫困县总数的97.6%。据2020年最新监测评估结果，全国退耕还林每年产生的生态效益总价值量达1.42万亿元，相当于工程总投入的2倍多（李世东，2021）。

“十三五”期间，退耕还林还草工程区生态状况得到进一步修复，社会经济发展明显加快。据监测，退耕还林每年涵养水源385.23亿 m^3、固土6.34亿t、固碳0.49亿t、释氧1.17亿t、吸收污染物314.83万t、滞尘4.76亿t、防风固沙7.12亿t，每年产生的生态效益总价值量达1.48万亿元，对改善我国生态环境、维护国土生态安全发挥了重要作用。同时，工程使4 100万农户、1.58亿农民直接受益，户均累计获得中央补助9 000多元，并且新一轮58%的退耕还林发展了经济林，拓宽了农民增收渠道。2016—2020年，中央共投入1 160亿元，实施退耕还林还草5 954.46万亩。特别是全国97.6%的贫困县实施了退耕还林还草，“十三五”期间78%的任务安排在贫困地区，惠及277万建档立卡贫困户，为精准脱贫作出积极贡献（中国绿色时报，2021）。

在政策和管理层面上，中国多部法律法规对退耕还林还草都作出了明文规定。国务院专门颁布《退耕还林条例》，印发5个文件，有关部门也制定了系列办法，形成了完备的退耕还林还草法规政策体系。工程实行省级政府负总责和市、县政府目标责任制，并规定目标、任务、资金、责任“四到省”。国家林业和草原局每年与省级人民政府签订工程建设责任书，省级主管部门编制年度实施方案，县级主管部门编制作业设计，县级人民政府或者其委托的乡镇人民政府与土地承包经营权人签订退耕还林还草合同，退耕农户首次成为国家重点生态工程的基本单元和建设主体。切实加强工程监管，坚持种苗先行，出台专门管理办法，在种苗选择上坚持质量优先、就地培育、就近调剂。推行监理制，对工程进度、质量、工期和资金使用等进行全过程监管。制定颁布了系列标准，建立科技试验示范点，实施科技支撑项目100余个，提供强有力的技术保障。扎实做好检查监测，制定检查验收办法，实行县级自查、省级复查和国家级核查的三级检查验收制度。依据年度检查验收结果，逐级下拨政策补助资金，严格遵循先验收、后公示、再兑现的原则。坚持用科学数据向人民报账，持续组织开展效益监测，共1 000余名专业技术人员参加，先后发布了5个效益监测国家报告，检验工程建设成效，回应社会各界关注。汇总、分类、筛选近 200 个技术模式，出版《退耕还林工程典型技术模式》，免费发放给各工程县。从 2017 年起，新一轮退耕还林种苗造林费补助由每亩 300 元提高到 400 元，前一轮退耕还林补助政策期满后，将符合条件的退耕还生态林分别纳入中央和地方森林生态效益补偿范围。从 2018 年起，将前一轮补助政策到期的生态林纳入森林抚育补助范围。2019 年 9 月，在陕西延安召开了全国退耕还林还草工作会议，回顾总结了 20 年来的发展历程、辉煌成就和宝贵经验，表彰了先进集体和先进个人。退耕还林还草让广大老百姓深切感受到了生态环境的巨大变化和生产生活条件的明显改善，成为“两山”理念的生动实践，赢得国际社会的广泛赞誉。作为世界上投资最大、政策性最强、涉及面最广、群众参与程度最高的一项重大生态工程，中国退耕还林还草工程创造了世界生态建设史上的奇迹（李世东，2021；中国绿色时报，2021）。

第二节　宁夏退耕还林还草工程进展情况

宁夏回族自治区地处中国西部的黄河上游，是中华文明的发祥地之一，有古老悠久的黄河文明，素有“天下黄河富宁夏”“塞上江南”之美誉。公元 1038 年，党项族的首领李元昊在此建立了西夏王朝，并形成了西夏文化。宁夏地处西北内陆高原，被毛乌素、腾格里、乌兰布三大沙漠包围，干旱少雨，缺林少绿，水土流失和风沙危害均十分严重，是典型的生态脆弱区。

一、工程概述

宁夏自 2000 年实施退耕还林，截至 2021 年底，累计完成退耕还林（草）任务 1 346.97 万亩，其中前一轮退耕还林 1 305.5 万亩（含荒山及封育项目)，新一轮退耕还林 41.47 万亩。国家累计安排退耕还林资金 134.63 亿元，其中种苗补助 8.71 亿元，兑现退耕农户政策补助 98.5 亿元，安排巩固退耕还林成果专项经费 27.4 亿元。工程建设覆盖宁夏 21 个县（市、区）和自治区农垦集团，涉及 34 万农户、156 万人，人均享受国家政策补助 6 313 元。退耕还林是对宁夏生态建设贡献最大、效果最为显著的林业重点工程。

（一）加快了国土绿化进程

自实施退耕还林以来，宁夏认真贯彻以生态建设为主的林业发展战略，坚持生态优先，生态建设步伐不断加快。监测数据表明，2000—2021年是宁夏森林资源实现持续增长最快时期。退耕还林工程成为宁夏生态林业建设的重要载体，森林覆盖率由2000年的8.4%提高到目前2021年的16.91%。

（二）改善了重点地区生态环境

自退耕还林工程实施以来，坚持以小流域为单元，实行山水田林路草综合治理，重点治理区域的六盘山区、盐同海风沙区生态环境的恶化得到有效遏制。全国第四次荒漠化监测（2009年）结果显示，宁夏的荒漠化和沙化土地总面积分别比1999年减少了349.5万亩和38.1万亩，是全国首个实现沙化逆转的省区。截至2020年底，宁夏治理水土流失面积连年超过1 000 km^2，累计完成2.37万 km^2，治理程度接近40%，有效改善了生态环境和农业基础条件。

（三）促进了农村产业结构调整

退耕区以退耕还林工程建设为平台，把生态建设及后续产业的发展与推进农业产业化结合起来，转变了农民长期以来广种薄收、靠天吃饭的传统观念。通过发展舍饲圈养，开发绿色食品，培育绿色产业，发展特色经济，使以种植业为主的农业生产向畜牧业、劳务业、林果业、特色种植业以及二、三产业过渡，优化了农村产业结构。

（四）促进了社会和谐稳定

宁夏退耕还林工程的实施、在促进民族团结，维护社会和谐稳定方面发挥了极其重要的作用，被宁夏人民誉为“民心工程”“扶贫工程”“德政工程”和“维稳工程”。

二、主要经验及做法

回顾20年来宁夏退耕还林工程建设实践，总结和积累了许多宝贵的经验和做法，对指导今后工作具有重要的意义。

（一）加强组织领导，逐级落实责任

退耕还林工程是国家有史以来最伟大的一项生态建设工程，做好退耕还林工作事关国家生态安全、新农村建设、社会和谐稳定，事关人民群众的根本利益和林业发展战略目标的实现，意义十分重大。宁夏党委、政府高度重视退耕还林工作，主要领导多次作出重要批示，各工程县也高度重视，层层签订责任书，将责任落实到人。

（二）明确工程建设思路，注重建设成效

宁夏在退耕还林中，坚持与特色林业产业带建设相结合，抓好特色化规划、标准化生产、规模化发展、区域化布局和产业化经营，形成以中宁为核心、清水河流域和银北为两翼的枸杞产业带，以贺兰山东麓和红寺堡地区为主的葡萄产业带，以灵武、中宁及中部干旱带为主的红枣产业带，以彭阳为中心的南部山区特色果品产业带，充分发挥了特色林业产业带的辐射带动作用。

（三）坚持科技带动，提升工程建设水平

实施退耕还林工程以来，宁夏坚持科技兴林的指导思想，依靠科技示范带动现代林业发展，因地制宜配置林种、树种、草种。彭阳县、原州区、西吉县实行“山顶沙棘、柠条戴帽，山坡两杏缠腰、缓坡林草混交”等配置形式；盐池县、同心县、海原县中部干旱带采取灌草混交等配置形式，加大灌木的种植比例。在干旱地区积极推广生根剂、保水剂、地膜覆盖、截干造林等抗旱造林技术，有效提高了造林成活率。

（四）强化工程管理，规范工程建设

为了确保工程顺利开展，各工程县（市、区）严格按照国家颁发的《退耕还林还草工程县级作业设计技术规程》进行县级作业设计。为了明确责任，在工程建设中推行项目法人责任制；为了强化档案管理，宁夏回族自治区退耕办制定下发了《宁夏退耕还林工程档案管理办法》和《宁夏退耕还林工程县级档案管理文本》；在关系退耕农户切身利益的政策兑现工作中，推行张榜公示制度，接受群众监督，并采取一卡通形式兑现，由农村信用社直接把资金划拨到退耕农户账户，减少中间环节，有效地防止了代扣、冒领、贪污等现象发生。

（五）抓好补植补造工作，确保退耕还林工程质量

由于宁夏干旱少雨，病虫鼠兔害严重，为了保证造林成活率和林木保存率，对退耕还林的补植补造工作常抓不懈。宁夏自2003年开始，坚持开展“回头看”工作，对保存率不达标的退耕林地及时安排补植补造。

第三节　宁夏退耕还林生态效益监测工作简介

一、基本情况

退耕还林工程是我国近些年来进行生态修复重大工程之一。宁夏是全国退耕还林重点省区之一，也是全国生态重点示范建设省区，退耕还林立地类型多样，被誉为中国西北自然生态的盆景，有着典型的三种生态类型区。在宁夏开展退耕还林工程效益监测，具有很强的代表意义。该项目为国家林业局（现称国家林业和草原局）“退耕还林工程生态效益监测与评估”专项资金，由中国林业科学研究院森林生态环境与保护研究所组织实施。“宁夏干旱风沙区退耕还林生态效益监测研究”项目，由宁夏农林科学院荒漠化治理研究所、宁夏回族自治区退耕还林与三北工作站合作实施。

二、主要工作进展

（一）查清了目前宁夏全区退耕还林总资源量，完成了宁夏全区退耕还林重点监测县市主要生态参数填报

1. 前一轮退耕还林

宁夏前一轮退耕还林实施范围为2000—2013年，全区共完成退耕还林计划任务 1 305.5 万亩，其中退耕造林 471 万亩，荒山荒地造林 708 万亩，封山育林 65 万亩。工程覆盖宁夏全区 21 个市（县、区）32.3 万多农户、153 万多人。截至 2021 年底，国家累计安排宁夏前一轮退耕还林补助资金 128.49 亿元，其中种苗造林补助费 7.4 亿元、粮款补助资金 93.69 亿元（含粮食折款）、巩固退耕还林成果专项资金 27.4 亿元。前一轮退耕还林期间，宁夏退耕农民人均退耕面积 3.08 亩，是全国退耕农民的 2.75 倍。

通过实施退耕还林工程，工程区的植被覆盖率大幅度增加，水土流失得到初步治理，土地沙漠化得到有效遏制，生态环境有了明显改善，农村产业结构得到调整，农民的收入逐年增加。退耕还林工程受到了广大退耕农户的普遍欢迎，被称为“德政工程”和“民心工程”。

阶段验收是前一轮退耕还林管理的一项重要工作，是检验和巩固退耕还林成果的重要手段，也是维护广大退耕农户基本利益的重要举措。自 2008 年起，国家逐年对宁夏实施的退耕进行阶段验收，宁夏完成的 466.8 万亩退耕顺利通过国家核查验收，核实率和合格率均为 100%，阶段验收结果喜人。

2. 前一轮退耕还林成果巩固

根据 2019 年退耕还林实绩核查统计，宁夏全区前一轮退耕还林保存面积 1 244.82 万亩，保存率 95.58%，其中，退耕地保存面积 463.09 亩，保存率为 98.98%；缺失面积 4.81 万亩，占应保存面积的 1.02%。荒山及封育保存面积 781.73 万亩，保存率为 93.68%；缺失面积 52.77 万亩，占计划面积的 6.32%。前一轮退耕还林工程保存面积中，成林面积 529.55 万亩，成林率 44.27%，其中退耕成林面积 274.03 万亩，成林率 58.57%；荒山及封育成林面积 302.49，成林率 36.25%。前一轮退耕还林中，宁夏全区有 83 691 亩退耕造林为超计划实施，至今未纳入退耕还林政策补助范围。针对目前的保存情况，将进一步抓好管护，落实好不达标林地的补植补造工作，切实巩固已有建设成果。

3. 新一轮退耕还林

2014 年，宁夏规划新一轮退耕还林还草面积 163.06 万亩，涉及原州区、彭阳县、西吉县、隆德县、泾源县、沙坡头区、中宁县、海原县、同心县、盐池县、红寺堡区、利通区共 12 个县（区）和自治区农垦集团公司。2015 年，宁夏正式启动新一轮退耕还林工程建设，2015—2020 年，国家累计安排新一轮退耕还林任务 41.47 万亩，安排中央补助资金 6.1 亿元。工程建设覆盖宁夏全区 11 个县（区）和自治区农垦集团，涉及 3.36 万农户、13.2 万人。

（二）监测基础设施得到不断补充和完善，基本建成了覆盖宁夏代表区域的退耕还林监测网络

经过几年的努力，重点依托国家退耕还林生态监测项目、宁夏重点试验室建设项目等资金资助，在宁夏各区域建立长期定位监测点 26 个，涉及退耕还林地、沙漠、公园、自然保护区、天然林保护区、城镇园林绿地、放牧地、葡萄基地、黄土丘陵退耕地等典型生态区，持续开展了重点区域小气候、空气质量、负氧粒子等监测研究，为全面开展相关生态功能监测与效益评价奠定了坚实的基础。这些监测点包括盐池县樟子松人工林地和荒漠草原无林封育地、中卫市沙坡头国家级自然保护区、固原须弥山退耕还林区 20m 高度小环境及空气质量长期定位固定垂直梯度生态效益监测场 4 个，建立柠条林地、樟子松人工林地、放牧地长期定位固定监测场 3 个，灌木林地耗水量模拟定位监测场 1 个，土壤水分监测点 120 个，风蚀监测点 54 个，土壤储水特征与林地结构组成监测点 22 个，植被动态监测样地 32 个，地下水位监测点 2 个，定期持续开展相关数据收集，保障了各项监测任务与研究内容的顺利实施。

各站点监测指标主要有人工林地风速、风向、空气温度与湿度、降水量、日照辐射等主要气象因素；空气 PM2.5、PM10、TSP（大气颗粒物）、负氧粒子浓度等空气质量；不同深度土壤温度、湿度、盐分等土壤条件；有林地、无林封育地垂直梯度小气候及空气质量等 30 余个生态环境监测指标，为监测分析评价不同人工林地、不同土地利用类型提供研究监测依据。

（三）开展了退耕还林工程林地土壤风蚀监测研究

以退耕还林地有效生态防护、防风固土等为主要评价指标，在干旱风沙区盐池县，以流动沙丘、固定沙地、半流动沙地、旱作人工苜蓿地、天然放牧草地等为对照，分别在退耕扬黄灌区、退耕黄土区、退耕风沙区，开展了大范围空间区域内不同造林地、不同土地利用方式、不同监测高度等人工干预措施下，对林分及土壤风蚀侵蚀模数、土壤容重、地表植被种类及分布监测研究，以及有林地及无林封育地年风蚀量、输沙量等主要指标进行了监测分析。监测不同植被类型下土壤风蚀量，分析土壤风蚀的过程，气象因素的影响以及植被构成对土壤风蚀的影响。为客观评价不同退耕树种，不同退耕模式，不同退耕年限内项目实施综合效果提供主要监测数据。

（四）开展了不同树种、不同林龄、不同土地利用模式、不同造林密度等条件下退耕还林地林分生长与土壤水分年度变化规律动态监测

1. 不同树种、不同林龄、不同造林密度退耕还林水分动态监测

分别在不同林龄、不同密度的退耕柠条和樟子松等树种株距、行距区域内，分别布设了2m深TDR（时域反射仪）土壤水分、温度、盐分与不同造林区林分生长状况固定监测样地。自2016年4月开始，每月观测一次，监测上述区域土壤水分、温度、盐分动态变化规律，为间接评价林木生长规律、土壤水分年度变化规律提供监测依据。同时用烘干法对35个样地，分别在5月和8月中旬进行了2~5m深土壤水分调查监测。为不同造林模式集雨蓄水效果、林木抗旱能力、人工补灌措施保障提供动态监测依据与指导数据。

2. 不同土地利用方式土壤水分年度变化规律动态监测

分别以退耕还林示范区内主要造林树种为重点监测对象，以区域周边半流动沙丘、流动沙丘、固定沙地、人工苜蓿、天然沙蒿林地、封育草场、天然放牧地等不同土地利用方式为对照，分别布设了2m深TDR土壤水分监测样地，监测分析不同土地利用方式的土壤水分、温度、盐分年度变化规律，为对比分析退耕还林地生态修复效果提供量化依据。

（五）开展了不同退耕还林地土壤养分改良效果评价研究

以流动沙丘、旱作人工苜蓿地、天然放牧草地等为对照，分别对32个不同树种、不同树龄、不同立地类型、不同造林密度、不同深度植被动态监测样地土壤进行了取样送检，取样深度500cm。在0~100cm，每20cm取样一份；在100~500cm，每100cm取样一份。检验指标分别为全氮、全磷、全钾、速效氮、速效磷、速效钾、有机质，监测分析不同造林时间、不同造林树种、不同造林密度对不同深度土壤主要养分指标的影响，为客观评价退耕还林工程对生态及土壤改良效果提供依据。

（六）开展了不同退耕还林地地上地下部分固碳能力监测评价

以不同造林树种、树龄、密度等林地为重点研究对象，以流动沙丘、人工苜蓿地、固定沙地、半流动沙地、旱作人工苜蓿地、天然放牧草地等为对照，开展了大范围空间区域内不同造林树种、不同土地利用方式等人工干预措施对林分本身、地表附属植被地上地下部分固碳能力影响的监测研究。将采集到的地上地下林木、伴生植被、土壤取样送检，取样深度500cm，在0～100cm，每20cm取样一份；在100～500cm，每100cm取样一份，检验指标分别为有机质、有机碳，监测分析不同造林时间、树种、密度对土壤主要养分指标的影响，为客观评价退耕还林工程对生态及土壤改良效果提供依据。

（七）初步明确了宁夏退耕还林生态工程生态服务功能价值量

1. 协助国家林业局退耕办、中国林业科学院完成了5期《退耕还林工程生态效益监测国家报告》

其中《2015退耕还林工程生态效益监测国家报告》，对宁夏退耕还林工程物质量评估结果为：防风固沙4 272.25万t/年，吸收污染物16 070t/年，固碳12.76万t/年，释氧27.76万t/年，涵养水源1 637.48万m^3/年，固土505.85万t/年，生态系统服务功能总价值量为47.07亿元，为科学评价退耕还林工程提供了重要的一线生态监测与资源连清数据。

2. 《2015退耕还林工程生态效益监测国家报告》查明了宁夏退耕还林严重沙化土地分布及面积。

根据该报告资源连清数据，宁夏共实施退耕还林工程沙化土地治理10.72万hm^2，涉及3市9县和自治区农垦集团，占总退耕面积的12.40%。严重沙化土地退耕还林工程治理1.71万hm^2，涉及2市3县，占总退耕面积的1.98%。

三、主要技术创新点

项目动态开展了宁夏全区退耕还林总资源量统计上报，查清了目前宁夏全区及7个国家级集中连片特困县市退耕还林总资源量，完成了宁夏全区退耕还林重点监测县市主要生态参数填报，开展了干旱风沙区退耕还林生态功能指标监测及评价、宁夏干旱风沙区不同造林模式土壤水分的影响及其动态变化规律、不同退耕还林模式对小气候及土壤温湿度的影响、不同退耕还林地固碳能力及对土壤养分改良效果研究。首次完整获取了宁夏干旱风沙区旱作农田风蚀模数，系统掌握了宁夏干旱风沙区典型景观地貌及林地土壤水分动态变化规律，监测确定了樟子松干旱至死土壤含水量，摸清了宁夏中部干旱带典型地貌风蚀特征及各类人工修复对风蚀防治的贡献程度，不断补充和完善了宁夏代表区域的退耕还林监测网络，优化应用了生态效益监测技术和设备，初步掌握了干旱风沙区退耕还林生态工程生态服务功能价值量，科学评价了退耕还林工程对宁夏生态移民工程中的贡献程度。用 TOPSIS 排序法筛选，证明灌木林地、封育草地等措施均可有效防控沙尘，为宁夏沙尘防控指明了方向，对宁夏干旱风沙区生态修复有指导意义。项目在干旱风沙区农田防护林网空间风速与地表风蚀特征、TOPSIS 法综合评价风蚀环境抗风蚀性能、不同自然地貌风蚀沙粒粒径特征和集沙仪研究有创新。

四、已取得的主要技术成果

截至目前，项目累计登记成果 1 项，发表论文 12 篇，出版专著 3 部，参编专著 2 部，获实用新型专利 4 项，协助国家退耕办、中国林业科学院连续出版 5 期《退耕还林工程生态效益监测国家报告》。项目的实施为动态掌握各类退耕资源面积，进一步加强退耕还林工程生态效益监测工作，提高观测数据质量，客观评价退耕还林工程实施综合效益，全面开展相关生态功能监测与效益评价奠定了基础，为国家及宁夏制定相关法律法规提供技术依据。

同时，由宁夏退耕还林与三北工作站负责，将宁夏成熟的 3 个退耕还林技术模式上报国家林业局退耕办汇总、分类、筛选后，出版《退耕还林工程典型技术模式》，汇集国家退耕还林工程近 200 个技术模式，免费发放给各工程县。参与了《退耕还林工程建设效益监测评价》（GB/T 23233—2009）修订意见征求工作，提出了 20 余条具体修改意见。

2017 年 6 月 6—8 日，在北京召开的全国退耕还林生态效益监测技术培训会上，时任国家林业局退耕办主任周鸿升在专题讲话中特意提到了“在监测指标方面，河北、内蒙古、江西、广西、重庆、宁夏、新疆等省（区）监测指标较为丰富全面，数据信息量大，也更加科学合理，”对宁夏农林科学院荒漠化治理研究所承担的“全国退耕还林生态效益监测项目”给予了充分肯定。同时，相关监测成果分别在全国退耕还林生态效益监测会 2018 年太原会议和 2019 年昆明会议上，作为工作典型做了主题交流发言。2021 年，监测成果获中国森林生态系统定位观测研究网络 CFERN & TECHNO 第八届学术年会成果奖励大会优秀学术墙报二等奖。

第二章　退耕还林工程建设对宁夏干旱风沙区荒漠草原小气候的影响监测研究

第一节　国内外长期野外定位监测技术发展现状

一、开展野外定位监测研究主要意义

良好的生态环境是人类赖以生存的物质基础和基本前提，也是一个国家一个民族最大的生存资本和社会财富。生态建设是促进人与自然和谐共处、实现社会可持续发展的重要途径。土地退化治理、土壤侵蚀阻控、人工造林、草地生态修复和生态系统稳定可持续发展的基础理论与应用研究是生态建设的重要科技支撑。党的十八大把生态文明建设与经济建设、政治建设、文化建设、社会建设一道纳入中国特色社会主义事业总体布局，生态文明被提到前所未有的高度。党的十九大报告中进一步指出，要实施乡村振兴战略，牢固树立和践行绿水青山就是金山银山的理念，落实节约优先、保护优先、自然恢复为主的方针，统筹山水林田湖草系统治理，严守生态保护红线，以绿色发展引领乡村振兴。习近平总书记视察宁夏时也指出，宁夏作为西北地区重要的生态安全屏障，承担着维护西北乃至全国生态安全的重要使命。在黄河流域生态保护和高质量发展座谈会上，习近平总书记进一步指出，黄河中上游地区要推进实施一批重大生态保护修复和建设工程，提升水源涵养能力、抓好水土保持和污染治理，以保护黄河流域生态环境；沿黄河各地区要从实际出发，宜水则水、宜山则山，宜粮则粮、宜农则农，宜工则工、宜商则商，积极探索富有地域特色的

高质量发展新路子。

国家生态定位监测指按照国家林业和草原局规划布局，符合建站要求，按照相关程序加入生态站网的站点，主要承担森林、草原、湿地、荒漠、城市、沙漠等陆地生态系统的数据积累、检测评估、科学研究等任务。生态定位站是宁夏农林科学院重要的科研平台，主要承担数据积累、监测评估、科学研究和科学普及等任务。定位站的长期研究方向是沙地水量平衡及防沙植物材料筛选、土壤风蚀预测预报、生物工程固沙技术、社会经济驱动因子对荒漠化的影响、荒漠生态系统健康评价及生态服务功能的动态变化、气候变化对荒漠化的影响等。主要开展半干旱草原与干旱荒漠过渡地区植被水量平衡规律、人为干扰和自然恢复状态下植被演替规律、近地表风沙运动规律及土壤风蚀机理、荒漠生态系统物质流动与能量循环、土地利用/覆被变化对荒漠化的影响、沙区人居环境安全评价及其动态变化等。具体为对生态系统的基本生态要素进行长期连续观测，收集、保存并定期提供数据信息，为国家生态站网提供基础数据。同时，基于观测数据，依据相关技术标准，开展生态效益评价和生态服务功能量化评估；根据业务需要及国家、宁夏林业和草原局需求，监测、评价国家林业和草原重点工程生态效益；根据区域生态安全战略需求，开展生态基础理论和应用技术研究，支撑国家及宁夏生态工程建设；分析研究观测数据，形成专项研究报告，为区域生态文明建设决策等提供科学依据。为实现区域环境良好改善与经济高质量发展提供支撑，助力黄河流域生态保护和高质量发展先行区建设。

二、国外野外定位监测站发展现状

长期生态学定位研究最早起源于 1843 年英国洛桑试验站对土壤肥与肥料效益长期定位试验。随后，其他国家也相继开展了定位研究工作。目前世界上持续 60 年以上的长期定位试验站有 30 多个，主要集中在欧洲、美国、日本和印度等国家和地区。陆地生态定位站发展迅速。森林生态系统定位研究开始于 1939 年美国 Laguillo 试验站对南方热带雨林的研究。较为著名的研究站还有美国的 Baltimore 生态研究站、Hubbrad Brook 试验林站、Coweeta 水文实验站等，主要开展森林生态系统过程和功能的观测与研究。近些年来，为了应对全球气候变化观测需要，许多国家纷纷加快了森林生态站（试验站）的建设步伐。荒漠生态系统的定位研究可追溯到20世纪初叶，苏联在卡拉库姆沙漠建立了捷别列克站。随后其他一些受荒漠化危害严重的国家也陆续建立了观测站点，开展了系统研究。

随着科学技术水平的不断发展，自动化监测程度越来越高，监测领域越来越广泛，监测成本越来越低。因此，全球生态站的建设作用也日益显著，尤其是为人类合理利用资源、维护环境，实现国家及区域可持续发展作出了重要贡献。如英国洛桑实验站提出了新的农学和土壤学的理论与方法，推动了英国及世界农业的发展。美国长期生态学研究网络（US-LTER）和英国环境变化研究网络（ECN）在长期生态学研究方面取得的一些重要成果已经应用于国家资源、环境管理政策的制定和实施。美国夏威夷的Manua Loa监测站通过长期连续的观测，发现了近50年来全球大气中CO_2浓度逐年升高的事实，为全球气候变化研究提供了基础数据，引起了人类对于全球变化的广泛关注。同时，生态站网的建设和观测更加注重标准化、规范化、自动化和网络化，研究内容更加重视生态要素和机理过程的长期观测基础数据的采集，生态系统观测研究已经从单纯的科研过程发展成为政策决策或社会服务提供决策依据的信息渠道，日益得到政府和社会的关注与重视。

生态站建设网络化趋势明显。1972年“联合国人类与环境”会议和1992年“联合国环境与发展”大会以后，生态系统观测研究在世界各国得到了迅速发展。随着人们对全球气候变化等重大科学问题的日益关注，以及网络和信息技术的飞速发展，生态系统观测研究已由基于单个生态站的长期观测研究，向跨国家、跨区域、多站参与的全球化、网络化观测研究体系发展。美国、英国、加拿大、波兰、巴西、中国等国家以及联合国开发计划署（UNDP）、联合国环境规划署（UNEP）、联合国教科文组织（UNESCO）、联合国粮食及农业组织（FAO）等国际组织都独立或合作建立了国家、区域或全球性的长期监测、研究网络。在国家尺度上的主要有美国的长期生态学研究网络（US-LTER）、美国国家生态观测站网络（NEON）、英国环境变化研究网络（ECN）、加拿大生态监测与分析网络（EMAN）等；在区域尺度上的主要有亚洲通量观测网络（Asia Flux）等；在全球尺度上的主要有全球陆地观测系统

（GTOS）、全球气候观测系统（GCOS）、全球海洋观测系统（GOOS）和国际长期生态学研究网络（ILTER）等。观测研究对象几乎囊括了地球表面的所有生态系统类型，涵盖了包括极地在内的不同区域和气候带。

三、中国野外定位监测站建设情况

20 世纪 50 年代，我国结合自然条件和林业建设实际需求，在川西、小兴安岭、海南尖峰岭等典型生态区域开展了专项半定位观测研究。2003 年 3 月，在召开“全国森林生态系统定位研究网络工作会议”的基础上，正式研究成立“中国陆地生态系统定位观测研究站网”（CTERN）。目前，中国陆地生态系统定位观测研究的 3 个主要网络：中国陆地生态系统定位观测研究站网（CTERN）、中国生态系统研究网络（CERN）和国家生态系统观测研究网络平台（CNERN），分别是由国家林业和草原局、中国科学院、国家在现有的分别属于不同主管部门的野外台站的基础上整合建立的，负责建设和管理的大型生态观测研究网络，建设和管理的大型生态观测研究网络。陆地生态系统定位研究站网，是以森林、湿地、荒漠三大生态系统类型为研究对象，按照我国地理分布特征和生态系统类型区划，开展生态系统结构与功能的长期、连续、定位野外科学观测和生态过程关键技术研究站网体系。生态站网分布在全国典型生态区，由林业系统科研和教学单位的若干陆地生态系统定位研究站组成。目前，CTERN 在全国典型生态区已初步建设生态站 190 个，其中，森林生态站 105 个；竹林生态站 8 个；湿地生态站 39 个；荒漠生态站 26 个；城市生态站 12 个。2020 年 12 月，国家林业和草原局下发通知，批准新建 8 个国家陆地生态系统定位观测研究站。中国生态系统研究网络（CERN）是为了监测中国生态环境变化，综合研究中国资源和生态环境方面的重大问题，发展资源科学、环境科学和生态学，于 1988 年开始组建成立的。目前，该研究网络由 16 个农田生态系统试验站、11 个森林生态系统试验站、3 个草地生态系统试验站、3 个沙漠生态系统试验站、1 个沼泽生态系统试验站、2 个湖泊生态系统试验站、3 个海洋生态系统试验站、1 个城市生态站，以及水分、土壤、大气、生物、水域生态系统 5 个学科分中心和 1 个综合研究中心所组成。

2019年科技部办公厅关于印发《国家野外科学观测研究站建设发展方案（2019—2025）》的通知指出，从1999年开始，科技部会同有关部门，围绕生态系统、特殊环境与大气本底、地球物理和材料腐蚀4个方面，遴选建设了106个国家野外站。获取第一手定位观测数据，支撑了相关学科发展。生态系统国家野外站动态监测数据时间跨度接近20年，内容覆盖中国典型生态系统的水、土、气、生四大生态要素共282个指标。材料腐蚀国家野外站持续开展黑色金属、有色金属、建筑材料、涂镀层材料及高分子材料五大类600余种材料的观测试验，获得了最长达35年的野外连续观测和试验数据。特在优化调整基础上，遴选新建一批国家野外站，至2025年，使国家野外站规模数量保持在一定规模，基本形成覆盖我国主要代表性区域和领域方向的国家野外站布局。

2019年《科技部关于发布国家野外科学观测研究站优化调整名单的通知》，指出2019年国家林业局将原有105个国家野外站优化调整为“内蒙古呼伦贝尔草原生态系统国家野外科学观测研究站”等97个国家野外站。

四、宁夏野外定位监测站建设情况

宁夏是全国生态重点示范建设省区，也是全国25个退耕还林重点省区之一，被誉为中国西北自然生态的盆景，有着典型的3种生态类型区，也是中国北方沙化土地重要的组成部分，在宁夏开展退耕还林工程效益监测中具有很强的代表意义。沙尘危害是宁夏生态退化和大气污染突出表现问题之一。开展生态环境效益监测与评价，符合包括宁夏在内的中国北方大部分省区实际生产与人民生活的需要，也是准确掌握和量化不同生态工程价值的必要措施，符合社会发展需求。

借助国家林业和草原局野外生态定位站建设的历史机遇，宁夏目前有贺兰山森林生态系统国家定位观测研究站、宁夏六盘山森林生态系统定位站、北京林业大学水土保持学院盐池荒漠生态系统定位研究站。同时，在阅海湿地公园、银川植物园分别建立了1个城市森林生态定位研究国家站。但相比之下，现有观测站点对科学支撑和指导现实监测技术需求，支撑和发展黄河流域生态先行区建设还相差甚远。因此，随着生态战略逐步深入推进，按照生态监测技术需求，进一步补充和丰富不同监测区域野外定位监测站，是宁夏及全国生态监测项目中面临的一项长期紧迫任务。

为动态掌握各类林地资源面积，进一步监测生态效益工作，提高观测数据质量，客观评价退耕还林工程实施综合效益，为国家及宁夏制定相关法律法规提供技术保障，由宁夏农林科学院荒漠化治理研究所、宁夏退耕还林与三北工作站合作，以退耕还林生态监测为重点，经过近 10 年的努力，特别是近 5 年内，已在全区范围内，累计建立长期定位生态效益监测场 26 个。类型涉及退耕还林地、沙漠、公园、自然保护区、天然林保护区、城镇园林绿地、放牧地、葡萄基地、黄土丘陵退耕地等宁夏典型生态区，为全面开展相关生态功能监测与效益评价奠定了坚实的基础。

第二节　干旱风沙区荒漠草原不同人工林地与放牧地小气候监测研究

一、荒漠草原荒山造林地小气候监测研究

1. 荒漠草原荒山造林地大气温度、大气相对湿度、大气气压的变化

由图 2-1、图 2-2、图 2-3 可知，2017 年 1 月至 2020 年 1 月荒漠草原荒山造林地大气温度在-10～25℃，随着时间变化呈倒“U”形变化，每年 7 月为该年温度最大值。由图 2-2 可知，2017 年 1 月至 2020 年 1 月荒漠草原荒山造林地大气相对湿度在 20%～80%。2017 年 10 月、2018 年 8 月、2019 年 6 月达到湿度最大值。2017 年 1 月至 2020 年 1 月，荒山造林地的大气气压数值在 840～865hPa。2017 年 10 月的大气气压高于同年其他月份，8 月大气气压数值最低。2018 年 12 月的大气气压数值为当年最大值；2019 年 11 月大气气压高于其余月，同年 9 月气压数值最小。

2. 荒漠草原荒山造林地风速、降水强度变化

如图 2-4 所示，荒漠草原荒山造林地风速在 0.20～2m/s。2017 年 4 月的风速较高，是同年 9 月的 1.82 倍。2018 年 1 月的风速数值为 1.58m/s，

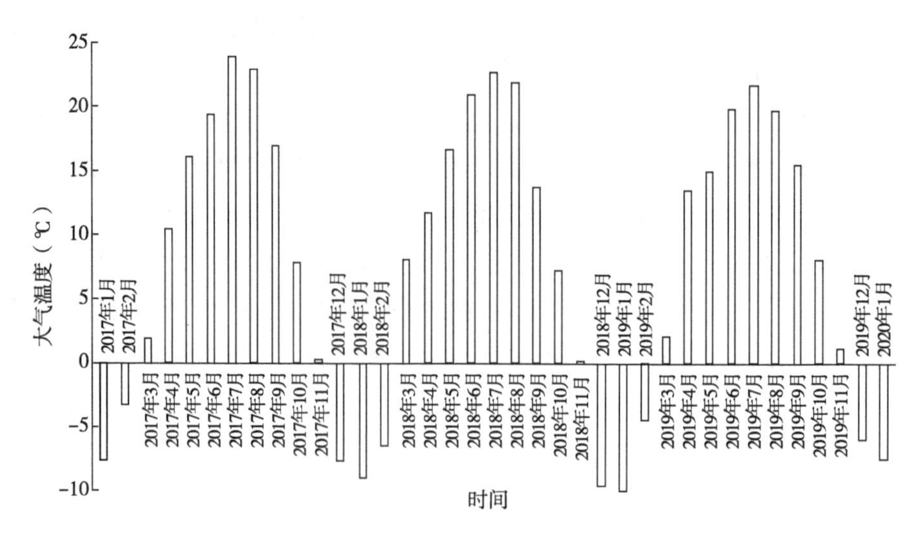

图 2-1　荒漠草原荒山造林地大气温度的变化

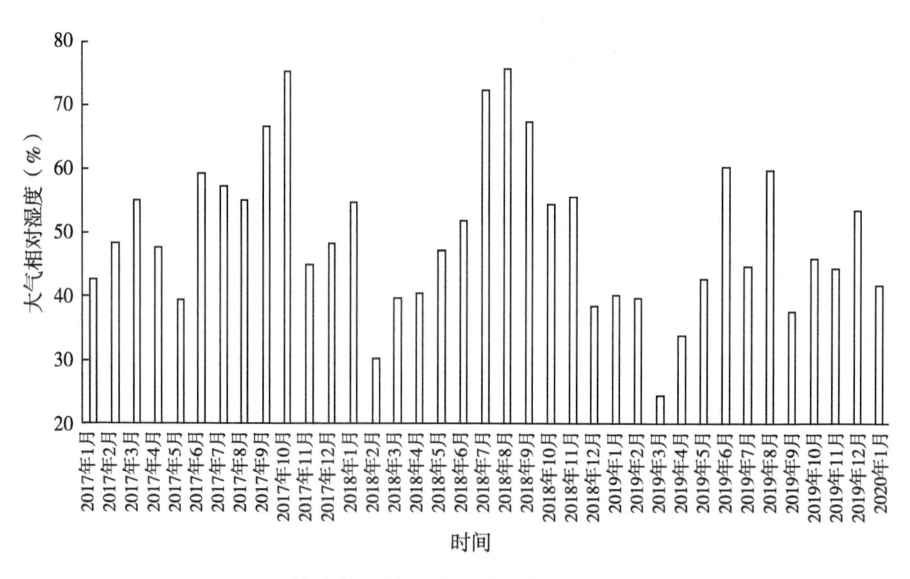

图 2-2　荒漠草原荒山造林地大气相对湿度的变化

是 6 月（0.23m/s）的 6.87 倍。2019 年 4 月的数值最大，1 月数值最小。由图 2-5 可知，2017 年 6 月、2018 年 8 月、2019 年 8 月的降水强度分别为当年降水强度最大，分别是其他时间的 3.31～19.2 倍、1.29～19.67 倍、1.67～54.36 倍。

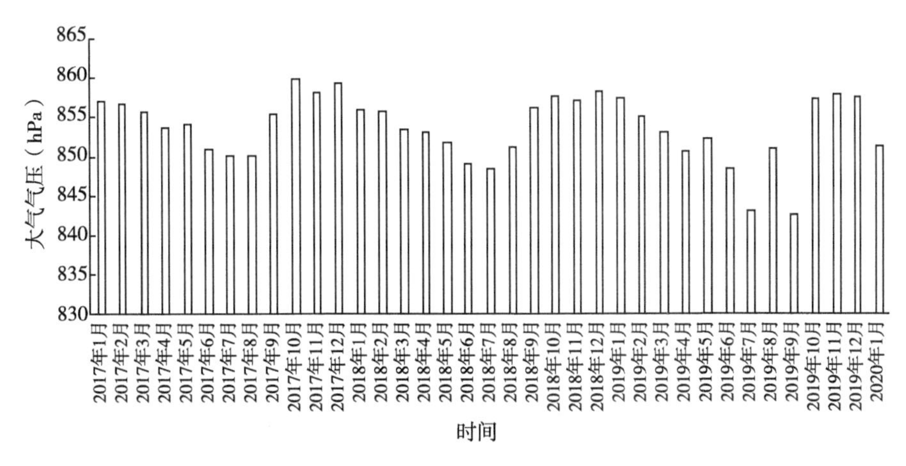

图 2-3　荒漠草原荒山造林地大气气压的变化

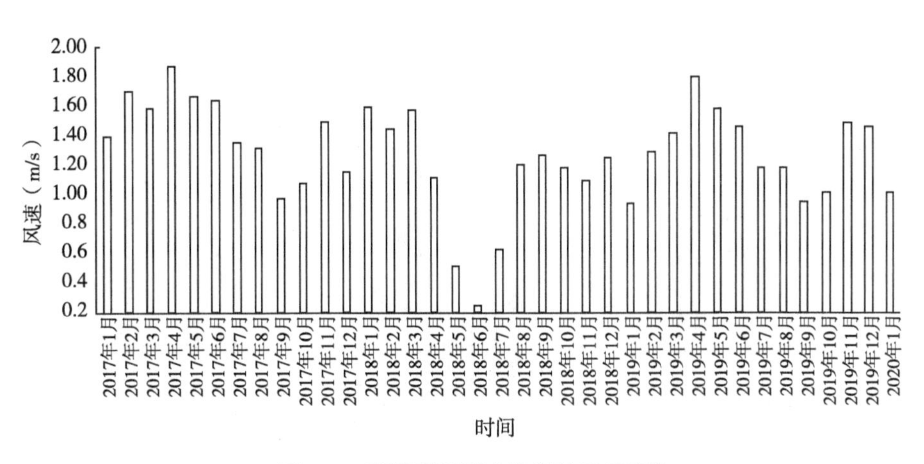

图 2-4　荒漠草原荒山造林地风速变化

3. 荒漠草原荒山造林地不同土层温度变化

如图 2-6 可知，20cm、40cm、60cm、80cm 土壤深度的土壤温度在 2017 年至 2020 年 1 月呈倒“U”形变化趋势，在每年的 8 月达到气温最大值，是其他月份的 1.59～22.14 倍。2017 年、2019 年 3—9 月；2018 年 3—8 月，随着土壤深度加深，土壤温度也随之增加，其余时间呈相反趋势。

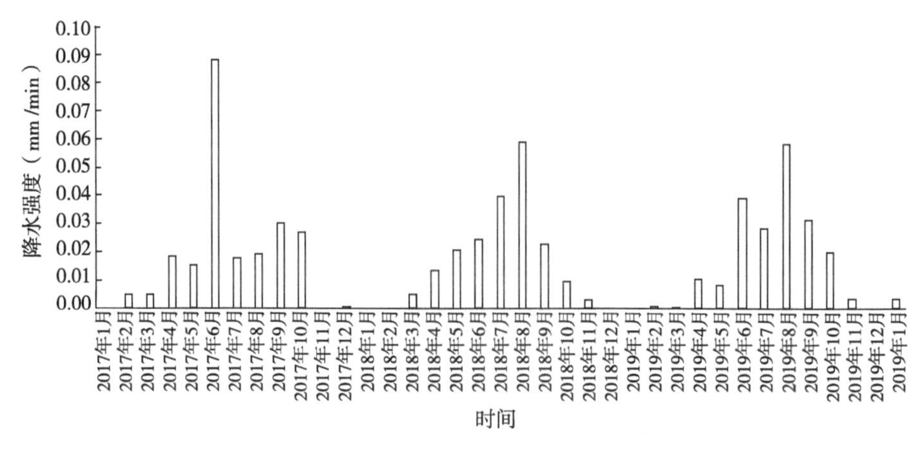

图 2-5　荒漠草原荒山造林地降水强度变化

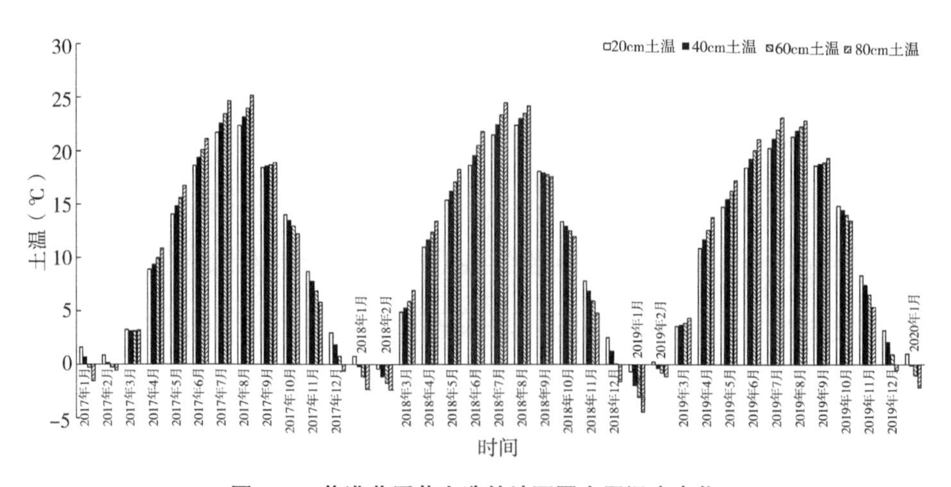

图 2-6　荒漠草原荒山造林地不同土层温度变化

二、荒漠草原放牧地小气候监测研究

1. 荒漠草原放牧地大气温度、风速、降水强度变化

由图 2-7 可知，2018 年 5 月至 2020 年 1 月，荒漠草原放牧地的大气温度在-10~25℃。随着时间延长，放牧草地大气温度先上升后下降，在每年 7 月

达最大值，是其 11 月的 14.94 倍、9.58 倍，2018 年 12 月至 2019 年 1 月的温度均低于 0℃。由图 2-8 可知，2019 年的风速明显高于 2018 年 5—12 月，是 2018 年的 14.02~20.67 倍。2018 年 5 月至 2020 年 1 月降水强度数值在 0~0.8mm/min；2019 年 4 月降水强度最大，是同年其他月份的 1.97~37.5 倍（图 2-9）。

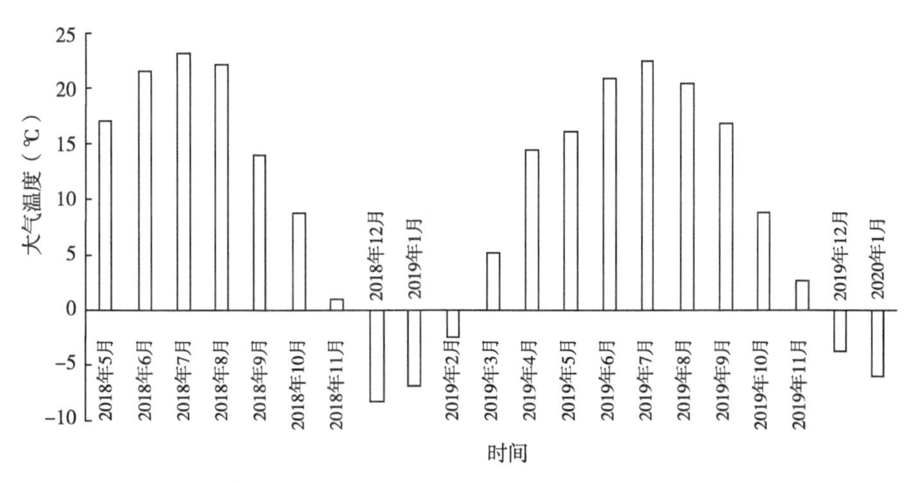

图 2-7　荒漠草原放牧地大气温度的变化

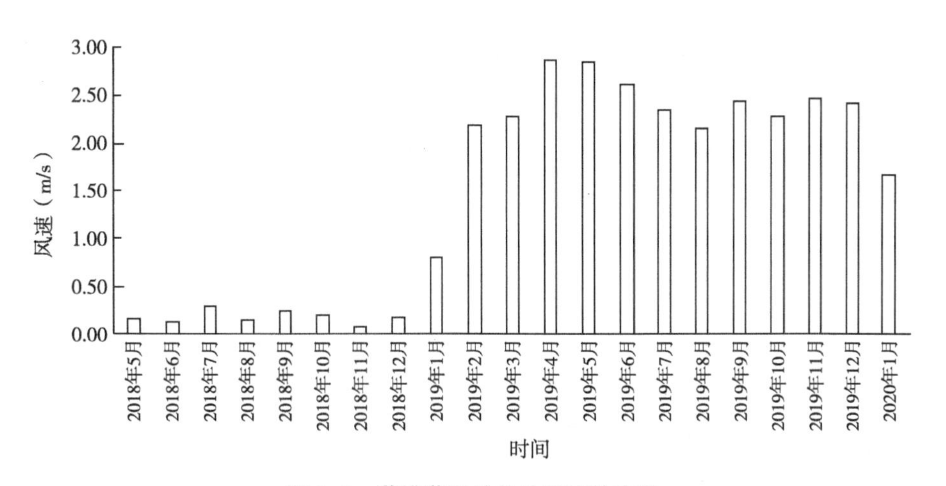

图 2-8　荒漠草原放牧地风速的变化

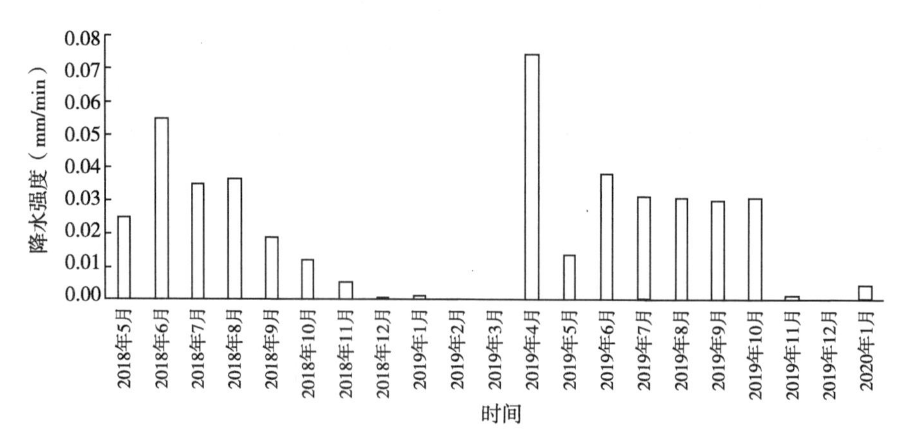

图 2-9　荒漠草原放牧地降水强度的变化浓度

2. 荒漠草原放牧地 1m、2m 高度的 PM2. 5、PM10 浓度变化

由图 2-10 可知，2019 年 11 月至 2020 年 1 月 PM2. 5 和 PM10 浓度较高，尤其 2m 高度差异明显，是其他时间的 2. 58～27. 15 倍，且 PM10 浓度明显高于 PM2. 5 浓度，2m 的 PM2. 5 浓度是 1m 的 2. 83～27. 15 倍，PM10 浓度是 1m 的 1. 97～53. 69 倍。2019 年 11 月下旬的 PM2. 5、PM10 浓度为 19 年最大值。2019 年 1 月下旬至 2019 年 11 月上旬 1m 与 2m 高度的 PM2. 5、PM10 浓度较为接近。

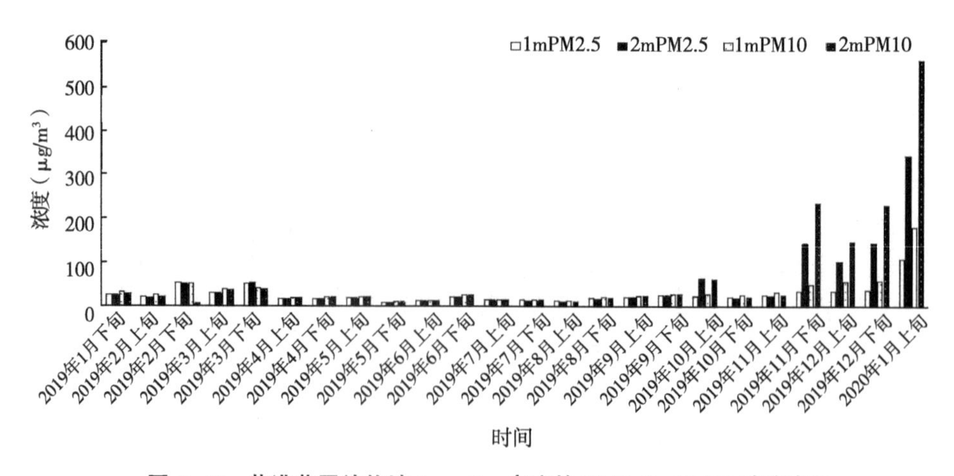

图 2-10　荒漠草原放牧地 1m、2m 高度的 PM2. 5、PM10 浓度变化

3. 荒漠草原放牧地土壤盐分的变化

由图 2-11 可知，2018 年 5 月至 2019 年 12 月，20cm 与 40cm 的盐分含量随时间延长呈先上升后下降的趋势，7 月盐分最高，但 2018 年和 2019 年差异不明显，分别是 12 月的 32. 32 倍、30. 16 倍。2018 年 5—9 月和 2019 年 4—9 月，20cm 深度的盐分数值高于 40cm。

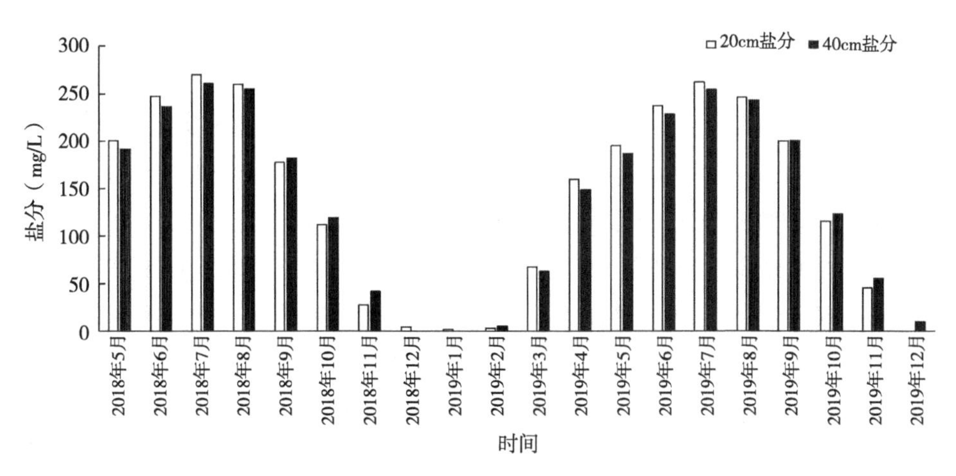

图 2-11　荒漠草原放牧地土壤盐分的变化

4. 荒漠草原放牧地不同土层温度的变化

由图 2-12 可知，20cm、40cm 的土层温度在 2018 年 5 月至 2020 年 1 月随

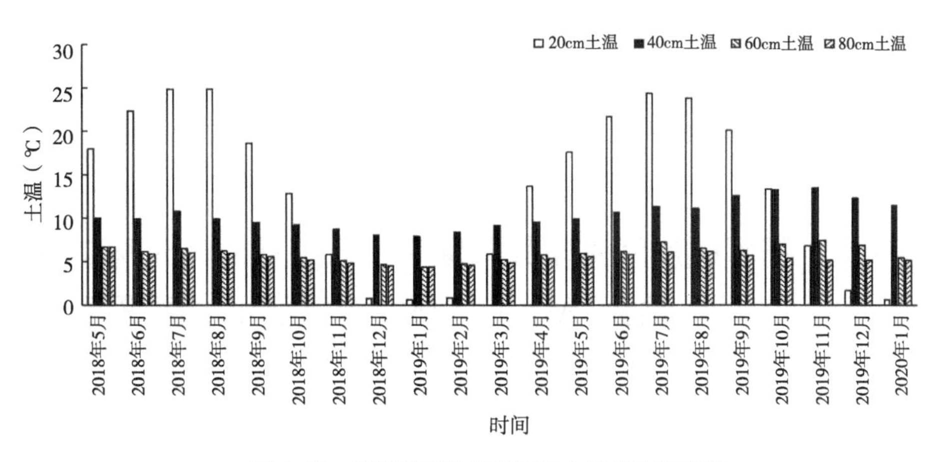

图 2-12　荒漠草原放牧地不同土层温度的变化

时间变化先上升后下降。20cm 土温在 5—10 月较高，是其他土层的 2.71～6.48 倍。12 月至翌年 2 月温度较低，其中 40cm 最高，是 20cm 的 7.31～9.62 倍。60cm、80cm 土温的数值在 4～8℃。60～80cm 土层的土壤温度差异不明显，但整体低于 40cm 土层。

三、荒漠草原荒山造林地与放牧地对小气候的影响

1. 荒漠草原荒山造林地与放牧地对大气温度、风速、降水强度的影响

由图 2-13 可知，2018 年 5 月至 2020 年 1 月间，樟子松人工林地的大气温度均低于放牧地温度，但两者差异不明显。其中 11 月至翌年 2 月的气温最低，7 月温度最高，分别是 11 月的 20.67 倍、45.98 倍。2018 年 5 月至 2019 年 1 月，樟子松人工林地风速大于放牧地，9 月风速最高，是放牧地的 6.25 倍，其余时间小于放牧地，较放牧地降低了 13.74%～39.81%。2018 年 5—6 月和 2019 年 4—5 月荒漠草原荒山造林地降水强度小于放牧地。

2. 荒漠草原荒山造林地与放牧地对不同土层土壤温度影响

图 2-14 可知，2018 年 10—12 月和 2019 年 10 月至 2020 年 1 月 20cm 的樟子松人工林地土温高于放牧地；其余时间低于放牧地。2018 年 11 月至 2019 年 3 月和 2019 年 11 月至 2020 年 1 月 40cm 土壤深度的荒山造林地土温低于放牧地，其余时间高于放牧地土温。2018 年 12 月至 2019 年 3 月和 2019 年 11 月至 2020 年 1 月，60cm 荒山造林地土温低于放牧地；2018 年 12 月至 2019 年 3 月和 2019 年 12 月至 2020 年 1 月 80cm 的荒漠草原荒山造林地的土温低于放牧地。

第三节　干旱风沙区荒漠草原樟子松人工林地与无林封育地小气候及 PM2.5、PM10 浓度变化规律研究

林地作为陆地生态系统的重要组成成分之一，对于调节陆地小气候，改善环境质量有着重要的作用。林地对小气候的调节作用主要通过调节风速、局部的大气温度、湿度以及空气质量来实现。森林通过树木枝干阻挡风力，降低风

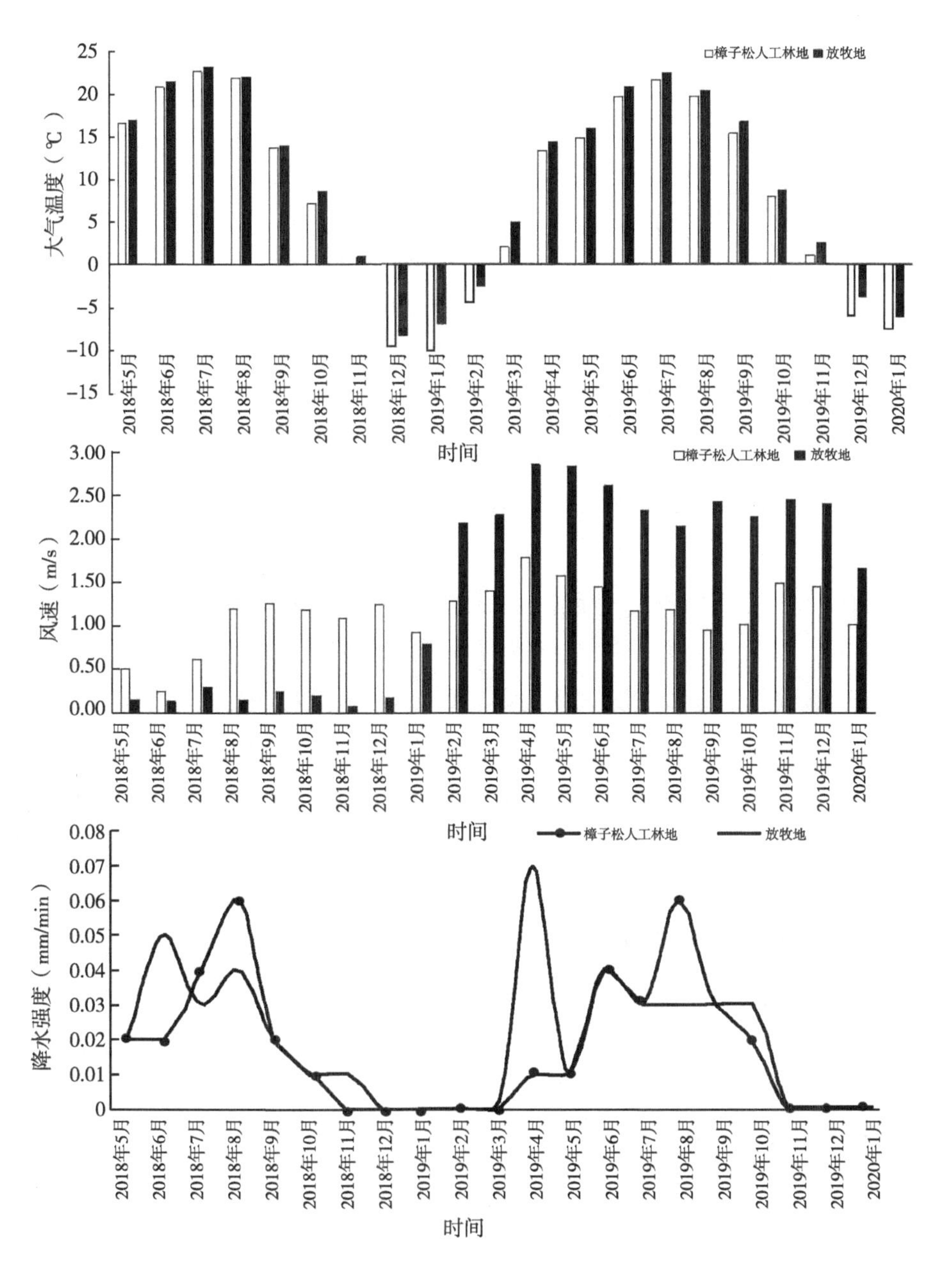

图 2-13　荒漠草原荒山造林地与放牧地对大气温度、风速、降水强度的影响

速；大气温度与大气相对湿度作为气象因子的重要指标也受到森林的影响。森

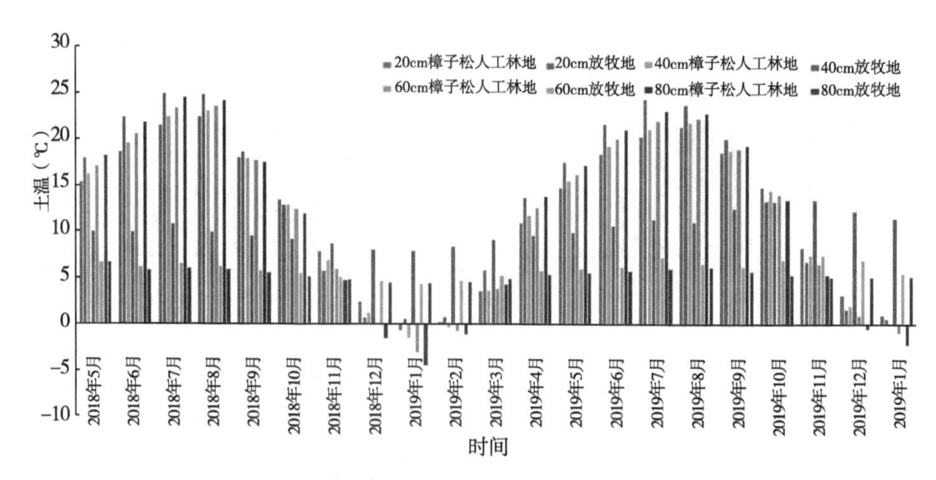

图 2-14　荒漠草原荒山造林地与放牧地对不同土层土壤温度影响

林通过树木的盖度阻挡太阳辐射，减缓温度散失，降低大气温度；借助叶片的蒸腾作用，散发水汽进入大气，增加大气相对湿度。森林除了对风速、大气温湿度产生影响外，还对于大气颗粒物浓度以及二氧化碳浓度产生影响。森林树木通过降低风速以及树木自身的冠层结构阻挡与吸滞作用将颗粒物吸收到叶片以及枝干上，进而使得大气颗粒物浓度降低；同时树木通过自身的光合作用，吸收空气中的二氧化碳，释放出氧气，降低空气中的二氧化碳浓度。

退耕还林工程是国家恢复生态环境重要的生态措施，宁夏地区通过实施该措施改善地区局部环境，目前荒漠草原地区通过退耕还林工程改变区域小气候的研究较少。本研究通过仪器采集 2018 年 5 月至 2019 年 12 月间荒漠草原樟子松人工林地与无林封育地的风速、大气温度与湿度等一系列的气象因子数据，对两个地点的气象因子随时间变化趋势进行了分析；并对于荒漠草原樟子松人工林地与无林封育地两个地点的气象因子进行比较，旨在为监测、评价荒漠草原地区退耕还林工程对地域气象因素的影响提供理论数据。

一、研究区概况

盐池县位于黄土高原与毛乌素沙地过渡带上，属于典型的温带大陆性气候。全年干旱少雨，降水集中在夏季；风沙活动频繁，年蒸发量为2 136 mm，年均无霜期165d，植被以荒漠草原为主，主要植物种类有黑沙蒿（*Artemisia ordosica*）、猪毛蒿（*Artemisia scoparia*）、短花针茅（*Stipa breviflora*）、牛枝子（*Lespedeza potaninii*）、猫头刺（*Oxytropis aciphylla*）等。该地的地带性土壤为灰钙土，土壤质地为沙壤和粉沙壤，土壤结构松散，肥力较低。

二、材料与方法

1. 数据监测

在盐池县大墩梁地区设立荒漠草原樟子松人工林地监测点，在狼子沟地区设置荒漠草原无林封育地监测点。通过搭载的GPRS（通用分组无线业务）远距离数据传输模块，及时准确地将监测区不同区域、不同高度范围内的风速、空气温度与湿度、空气质量等主要小气候监测指标进行实时传输。数据每隔30min自动采集数据一次，监测指标有荒漠草原樟子松人工林地、荒漠草原无林封育地2m、4m、6m、8m、10m、12m、14m、16m、20m高度风速。荒漠草原樟子松人工林地与无林封育地2m、10m、20m高度的大气温度与湿度、大气气压、PM2. 5、PM10以及二氧化碳浓度指标。

2. 数据处理

选用2018年5月至2019年12月间每间隔30min监测数据的平均值；采用Excel进行数据处理与分析。

三、结果与分析

1. 荒漠草原樟子松人工林地小气候变化

（1）不同高度荒漠草原樟子松人工林地风速变化。根据图2-15可知，荒漠草原樟子松人工林地不同高度风速随时间变化趋势不显著。2m高度风速在0~4m/s，4m、10m、12m高度风速在0~5m/s，8m高度风速在2~6m/s。2018年5月至2019年4月，8m高度的风速较高。2018年5月至2019年1月，4m与6m高度的风速数值最低。2019年2—12月，18m高度风速最低。

（2）荒漠草原樟子松人工林地2m、10m、20m大气温度变化。由图2-16

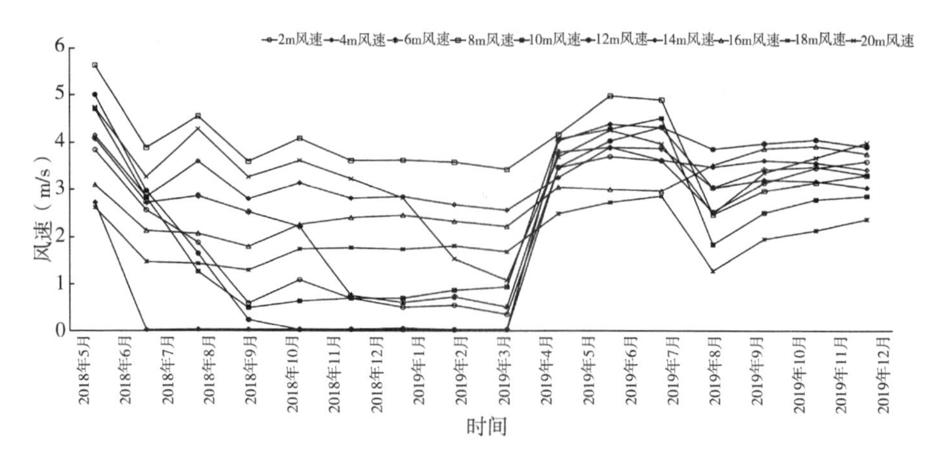

图 2-15　荒漠草原樟子松人工林地风速变化

注：2019 年 5—8 月风速数值缺失。

可知，2018 年 5 月至 2019 年 12 月，3 个高度大气温度变化不明显，在-10～25℃；大气温度随时间延长呈增加—降低趋势，7 月达最大值，是当年 11 月的 5.79 倍、6.14 倍。2018 年 10 月至 2019 年 2 月和 2019 年 11—12 月随着高度的上升，大气温度呈上升趋势。2019 年 3—4 月不同高度的大气温度由高到低排序为 2m>20m>10m。

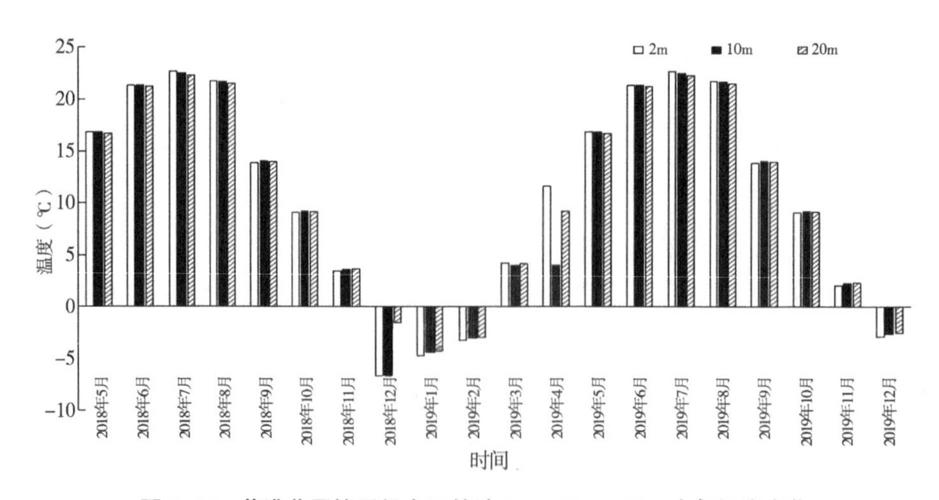

图 2-16　荒漠草原樟子松人工林地 2m、10m、20m 大气温度变化

（3）荒漠草原樟子松人工林地 2m、10m、20m 大气相对湿度变化。由图 2-17 可知，2m 高度大气相对湿度在 40%～80%，2018 年 7 月高于其他时间。10m 高度的大气相对湿度在 40%～70%，随着时间变化趋势并不显著。20m 高度的大气相对湿度在 20%～60%；2018 年 8 月 20m 大气相对湿度低于其他月份。2018 年 6 月至 2019 年 4 月、2019 年 6—10 月，大气相对湿度由高到低均为 2m>10m>20m。整体来看，2m 高度的大气相对湿度较高，是 20m 的 1. 37～4. 19 倍。

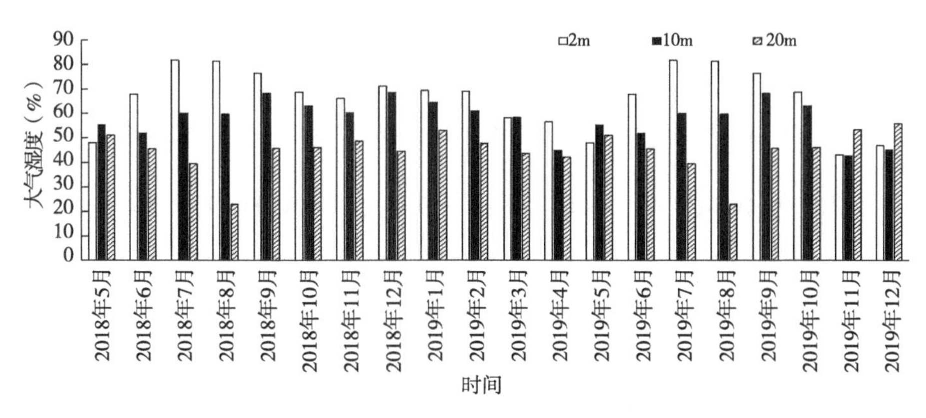

图 2-17　荒漠草原樟子松人工林地 2m、10m、20m 大气相对湿度变化

（4）荒漠草原樟子松人工林地 2m、10m、20m PM2. 5 浓度变化。由图 2-18 可知，2018 年 5 月至 2019 年 12 月间荒漠草原樟子松人工林地 3 个高度的 PM2. 5 浓度变化趋势不显著。2018 年 5 月至 2019 年 12 月，2m 高度的 PM2. 5 浓度在 0～30μg/m^3；其中 2019 年 9 月达最大。10m 高度的 PM2. 5 浓度在 0～35μg/m^3；2019 年 1 月的浓度最大，8 月浓度最低。20m 高度的 PM2. 5 浓度在 0～40μg/m^3；2019 年 1 月的 PM2. 5 浓度最大。除 2019 年 7—8 月外，其余月份各高度的 PM2. 5 浓度随高度增加呈上升趋势。2019 年 7—8 月 PM2. 5 浓度由高到低为 20m>2m>10m。

（5）荒漠草原樟子松人工林地 2m、10m、20m PM10 浓度变化。由图 2-19 可知，2018 年 5 月至 2019 年 12 月，2m 高度的 PM10 浓度明显高于 10m、20m，在 40～160μg/m^3，是 10m 的 3. 70～15. 31 倍；2018 年 11 月 PM10 浓度最高。10m 高度的 PM10 浓度在 0～60μg/m^3；2019 年 1 月 PM10 浓度最大。

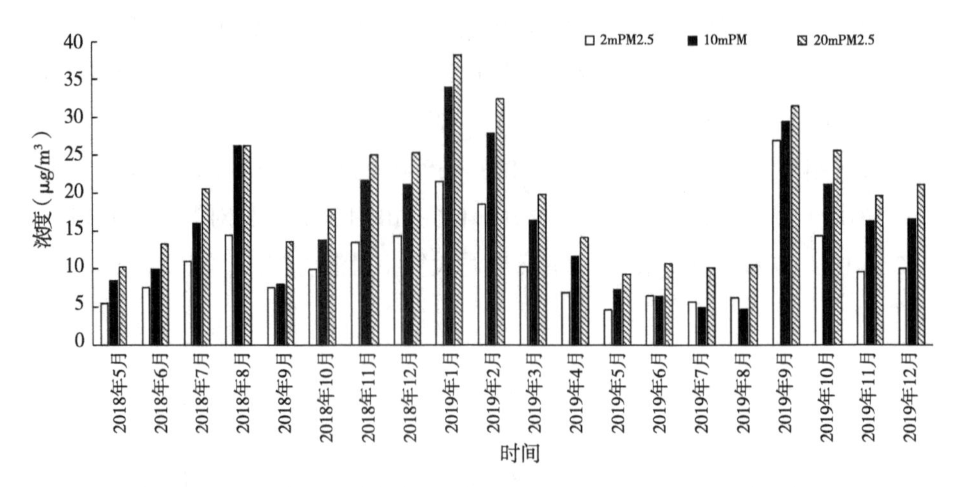

图 2-18 荒漠草原樟子松人工林地 2m、10m、20m PM2.5 浓度变化

20m 高度的 PM10 浓度在 0~80μg/m³；2019 年 1 月 PM10 浓度高于其他月。

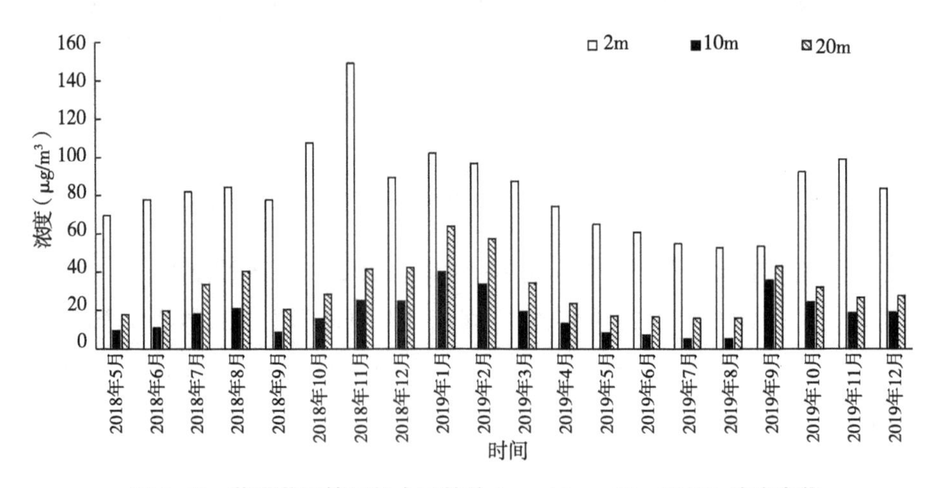

图 2-19 荒漠草原樟子松人工林地 2m、10m、20m PM10 浓度变化

（6）荒漠草原樟子松人工林地 2m、10m、20m 二氧化碳浓度变化。由图 2-20 可知，2018 年 5 月至 2019 年 12 月，除了 2019 年 1 月、11 月外，2m 高度的二氧化碳浓度整体高于 10m 和 20m，尤其 2019 年 4—8 月差异明显，是 20m 的 1.45~1.96 倍。2019 年 1 月与 11 月的二氧化碳浓度 10m 高度高于 2m 和 20m。2019 年 9 月的二氧化碳浓度最高，2m、10m、20m 分别是其他时间的 1.32~2.56 倍、1.49~2.15 倍、1.73~2.42 倍。

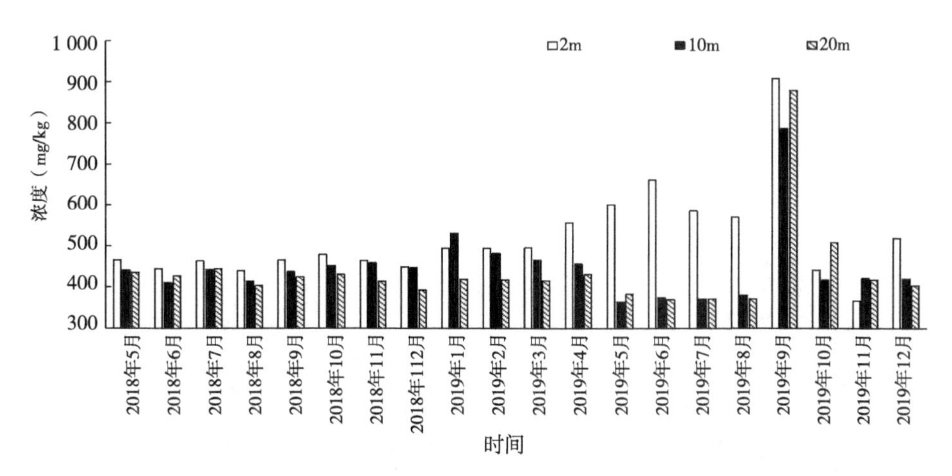

图 2-20　荒漠草原樟子松人工林地 2m、10m、20m 二氧化碳浓度变化

2. 荒漠草原无林封育地小气候变化

（1）荒漠草原无林封育地风速变化。由图 2-21 可知，各高度风速随时间变化的趋势并不显著。2018 年 5 月至 2019 年 6 月，4m、14m 高度的风速大于其余高度；2019 年 7—12 月，4m 与 14m 高度的风速急剧下降，较其他时间下降了 6.38%~42.51%，远低于其余高度的风速。

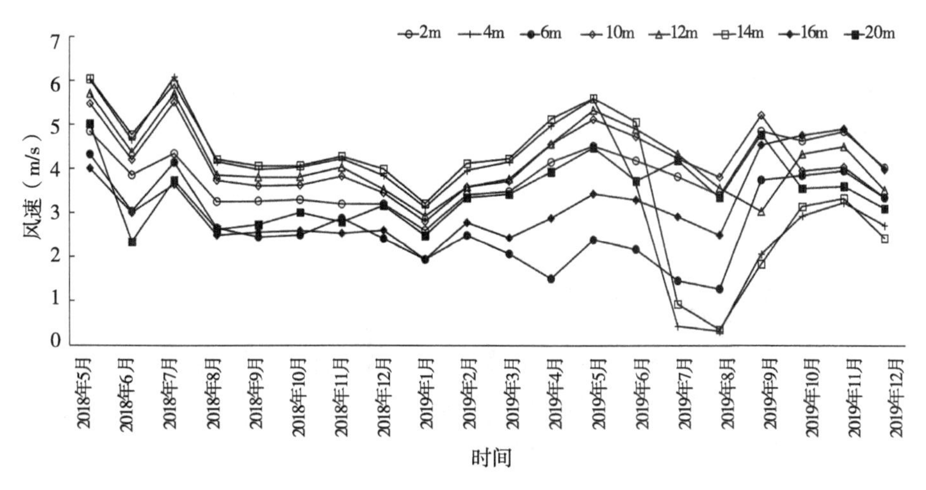

图 2-21　荒漠草原无林封育地风速变化

（2）荒漠草原无林封育地 2m、10m、20m 大气温度变化。由图 2-22 可知，大气温度随时间变化成倒“U”形，且2m、10m、20m高度的气温差异不明显，2018年和2019年的变化差异也不明显。2018年5月，2018年9月，2019年1—5月、10月，随着高度的上升，温度也呈上升趋势。其中2019年7月的大气温度最高，12月最低，均在0℃以下，一直持续到翌年2月。

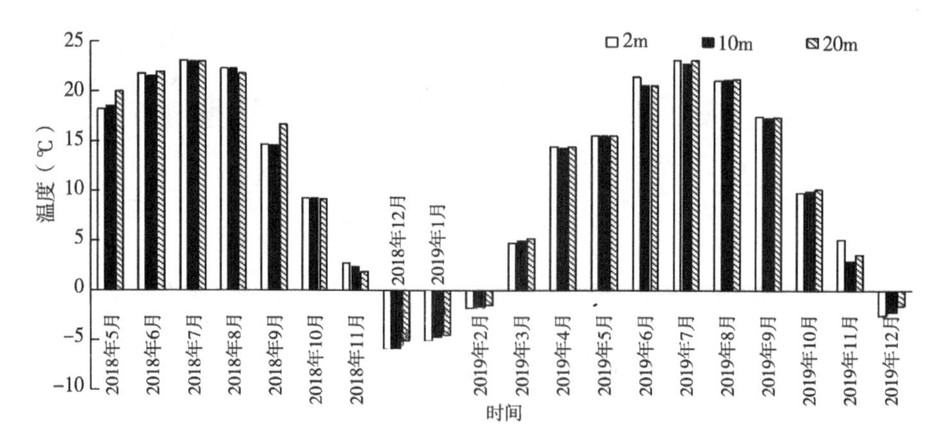

图2-22　荒漠草原无林封育地2m、10m、20m大气温度变化

（3）荒漠草原无林封育地2m、10m、20m大气相对湿度变化。由图2-23可知，2018年5月至2019年12月，2m高度大气相对湿度在30%~90%；2018年8月达最大值。2019年10月的大气相对湿度高于同年其他月份。10m高度的大气相对湿度在30%~90%。2019年3月大气相对湿度最低，较9月下降了39.41%~43.54%。

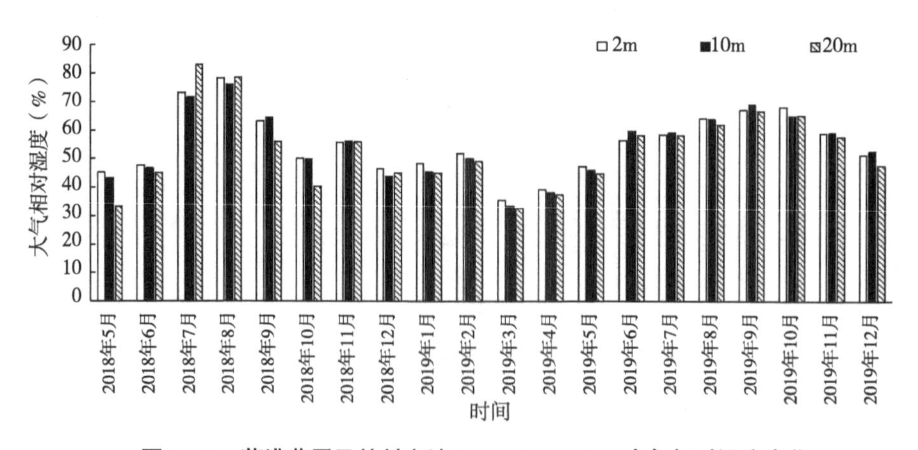

图2-23　荒漠草原无林封育地2m、10m、20m大气相对湿度变化

（4）荒漠草原无林封育地 2m、10m、20m 大气气压变化。由图 2-24 可知，2m、10m 高度的大气气压随着时间的延长呈增加—降低—增加趋势，但差异不明显；大气气压数值在 810hPa 以上；气压数值在 2018 年、2019 年的 7 月为同年最小值。同年同月不同高度的 10m 高度的大气相对湿度高于 2m、20m。2018 年 7 月 20m 大气气压较 2m 和 10m 分别下降了 3.77%、3.54%。

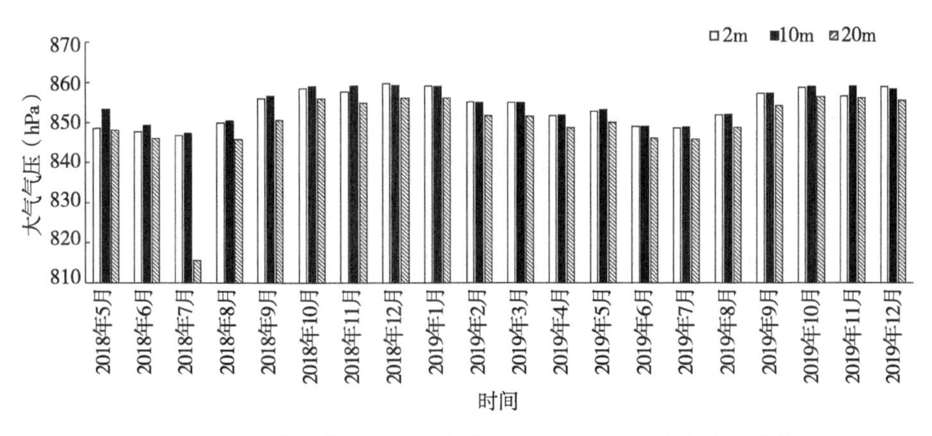

图 2-24　荒漠草原无林封育地 2m、10m、20m 大气气压变化

（5）荒漠草原无林封育地 2m、10m、20m PM2.5 浓度变化。由图 2-25 可知 2018 年 5 月至 2019 年 12 月，不同高度的 PM2.5 浓度变化趋势不显著。2m 高度的 PM2.5 浓度在 0~70μg/m³；2019 年 1 月最大。10m 高度的 PM2.5 浓度

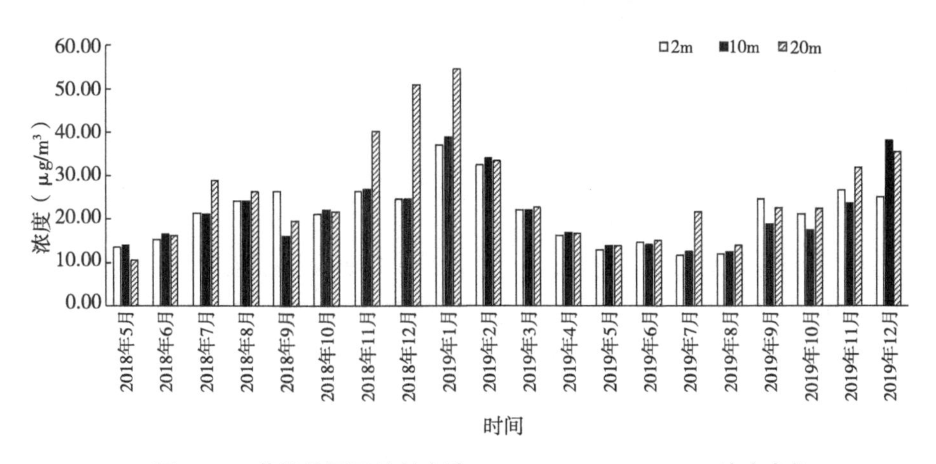

图 2-25　荒漠草原无林封育地 2m、10m、20m PM2.5 浓度变化

在 0～60μg/m³，2019 年 12 月数值最大。20m 高度的 PM2.5 浓度在 0～70μg/m³，2019 年 1 月 PM2.5 浓度最大。2018 年 9 月以及 2019 年 9—11 月，20m 高度 PM2.5 浓度高于其他 2 个高度数值。11 月、12 月、1 月的 PM2.5 浓度明显较高，其中 1 月最高，2m、10m、20m 分别是 5 月的 3.04 倍、3.10 倍、4.20 倍。

（6）荒漠草原无林封育地 2m、10m、20m PM10 浓度变化。如图 2-26 可知，PM10 浓度的变化与 PM2.5 相似，但高于 PM2.5。11 月至翌年 1 月的 PM10 浓度较高，尤其 20m 高度差异明显，是其他时间的 2.56～6.88 倍。2m 高度的 PM10 浓度 0～60μg/m³；10m 高度 PM10 浓度 0～80μg/m³；2019 年 12 月浓度数值高于同年其他月份。20m 高度的 PM10 浓度为 0～350μg/m³，2018 年 12 月达到最大值。同时段不同高度 PM10 浓度存在差异，2018 年 7 月至 2019 年 12 月，20m 高度 PM10 浓度大于 2m、10m PM10 浓度。

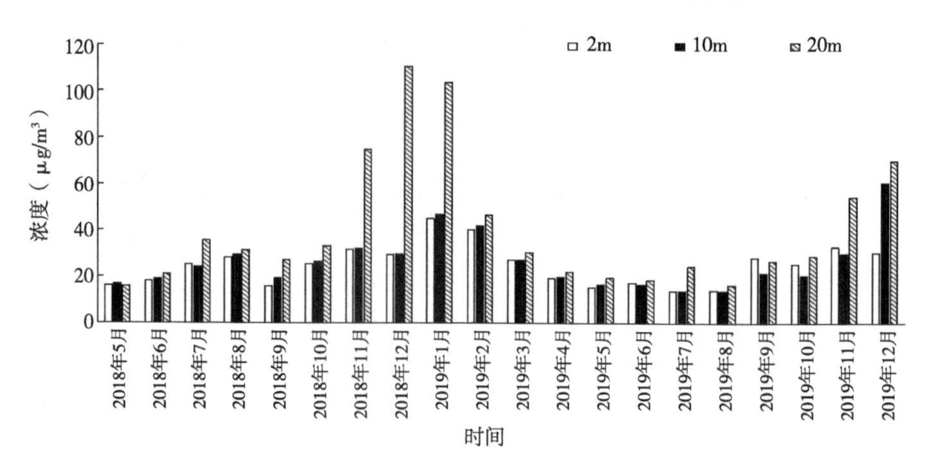

图 2-26　荒漠草原无林封育地 2m、10m、20m PM10 浓度变化

（7）荒漠草原无林封育地 2m、10m、20m 二氧化碳浓度变化。由图 2-27 可知，2018 年 5 月至 2019 年 12 月上旬，随着时间延长，2m、10m 高度的二氧化碳浓度数值差异不大。20m 高度二氧化碳浓度数值在 2019 年 2—10 月保持平稳。同时间内不同高度二氧化碳浓度存在差异，2018 年 5 月至 2019 年 12 月上旬，随着高度上升，二氧化碳浓度数值也随之增加。

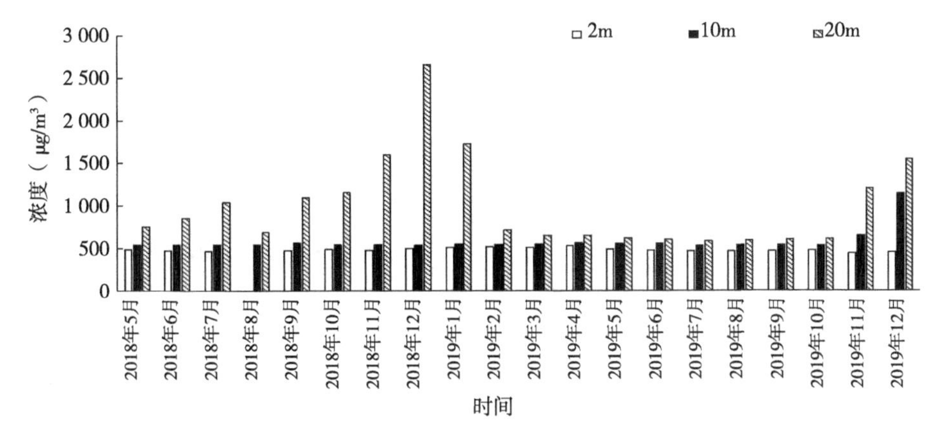

图 2-27 荒漠草原无林封育地 2m、10m、20m 二氧化碳浓度变化

四、结果与讨论

荒漠草原樟子松人工林地与无林封育地的大气温度随时间变化呈倒“U”形变化趋势，在每年 7 月达到气温最大值，是典型的温带大陆性气候；在夏、秋季节，2m、10m、20m 3 个高度的大气温度随高度增加而降低，这与夏季温度随高度增加有关。荒漠草原樟子松人工林地与无林封育地的 PM2. 5、PM10 浓度在冬、春季数值较大与其他研究结果相似。

2018 年 5 月至 2019 年 12 月，大部分月份荒漠草原樟子松人工林地的不同高度的风速数值低于荒漠草原无林封育地风速与他人研究森林降低风速结果一致。2m、10m、20m 高度的荒漠草原樟子松人工林地的大气温度大多月份低于荒漠草原无林封育地；荒漠草原樟子松人工林地的大气相对湿度与大气气压高于荒漠草原无林封育地。大多数月份荒漠草原樟子松人工林地 2m 高度的 PM2. 5 与二氧化碳浓度低于荒漠草原无林封育地，与前人研究结果一致；但是 2m 高度荒漠草原樟子松人工林地的 PM10 浓度高于无林封育地仍需进一步研究。10m 与 20m 高度的 PM2. 5、PM10 以及二氧化碳浓度荒漠草原樟子松人工林地低于无林封育地。通过对荒漠草原樟子松人工林地与无林封育地气象数据分析发现，林地显著改善了荒漠草原地区的小气候条件。

第三章　宁夏干旱风沙区典型退耕还林地防风固沙效益研究

第一节　主要研究方法

土壤是人类赖以生存和发展的重要资源。土壤对于人类的重要性，不仅在于土壤本身，还在于土壤对大气质量和水体质量的影响。因此，土壤是维护全球生态环境平衡的重要因素之一。土壤的形成是一个十分缓慢的过程，厚度为1cm的表土自然形成需要100～400年，期间要经历气候、地形、母质、生物等多种因素的相互影响和相互作用（董光荣等，1987）。

一、诱捕法监测

利用诱捕法，在各观测地内选择平整且保证具有原始地被物覆盖的基础上，同时放置口径相同的集沙容器，放置时将容器口与地表持平，并且把容器周围的空隙填平，尽量使其保持原状，待有风蚀现象时容器对过境沙粒进行收集。期间及时观察容器内沙粒沉降情况。当集沙量体积接近容器容积一半时及时收集该容器的沙粒，并称其质量，累加记录后对比监测不同立地类型土壤风蚀量。

放置时间一般为3—5月风沙主要危害季节，可以按照30d左右放置、回收，也可以在风前放置，风后回收。将收集到的沙粒带回室内，分析沙尘粒径和集沙量。回收时将未被人或动物影响或破坏的样品收回称其质量。有降水过程而未风干的样品要将带有泥水的样品一同回收，烘干处理。每处理重复3~6个，取其平均数。其中集沙量可用感量0.01g、0.001g的天平称质量。

二、集沙池（集沙槽）监测

集沙槽设置：在风沙区针对不同的植被模式和树种，设置集沙槽，监测单位面积、一定时间的集沙量，集沙槽质地为混凝土预制件或玻璃板材料。

集沙槽数量：每个植被恢复类型和树种分别设立3个固定集沙槽。

集沙槽规格：规格为3m×0.5m×0.5m。

集沙槽布设：为防治槽内产生二次风蚀，影响集沙效果，集沙槽长度走向最好与当地主风向垂直，将混凝土预制件或玻璃板埋设在与地表同一水平面上。

三、集沙仪监测方法

在多年的应用改进基础上，利用具有分层结构的可调式旋转集沙仪，利用风力驱动尾翼使其摆动旋转，使集沙仪进沙口始终对着来风的方向，可同时监测不同高度集沙量，具有结构简单、拆装方便、维护简单等优点，便于拆装、运输、保管。

四、降尘缸监测法

集尘缸是一个特制的收集大气中悬浮尘土等固相微粒的容器。我国目前使用的集尘缸为一个平底圆柱形玻璃缸，内口径（150±5）mm，高300mm，缸重2~3kg，这样不致被风吹翻。集尘缸使用前必须清洗干净，再加入少量蒸馏水，以防尘粒飘出，用玻璃盖遮盖移至观测场，放置后拿去玻璃盖开始收集沙尘，并记录时间（月、日、时、分）。由于我国夏秋多雨，加水量可适当少些，一般为50~70mL；冬春少雨可加水至100~200mL；冬季北方气温通常在0℃以下，为防止加入水结冰，还需要加入乙二醇防冻剂60~80mL，以保证在任何天气状况下的收集观测。

由于大气中尘粒分布随高度变化，近地表层量多变化快，并常受区域多因素影响（尤其人为生产活动），代表性差。因此我国环保部门规定，集尘缸的安装高度应距离地面 5～12m，为工作方便，一般情况下均取 6m 高度。此外，在同一收集点应有 3 个重复，即将 3 个集尘缸同时安置在约 1.0m^2的方形架板上。

五、沙粒粒径分析方法

小于 1cm 的粒径，使用激光粒度分析仪对试验采集到的沙粒样品进行粒径组成分析。较大颗粒建议采用筛选分级法。

本试验土壤粒度特征的测定均采用英国 Malvern 公司生产的 MS-2000 型激光粒度分析仪，该仪器利用激光衍射技术测定土壤粒径体积分布，其测量范围为 0.02～2 000μm，重复测量误差小于 2%。国内丹东、珠海等也生产相关测试设备。

六、分形维数理论在土壤颗粒分级中的应用

分形维数可以概括是没有特征尺度的自相似结构。分形维数的大小能够用于说明自相关变量空间分布格局的复杂程度；分形维数越高，空间分布格局简单，空间结构性好；分形维数低意味着空间分布格局相对复杂，随机因素引起的异质性占有较大的比例（左忠等，2010；石书兵等，2015）。根据激光粒度分析仪测得的土壤粒径体积分布数据，采用土壤体积分形维数模型计算土壤分形维数。

体积分形维数计算公式如下（石书兵等，2013）：

$$V/V_T = (R/\lambda_V)^{3-D} \tag{3-1}$$

式中，V 为粒径小于 R 的全部土壤颗粒的总体积（%）；

V_T为土壤颗粒总体积（%）；

R 为两筛分粒级 R_i与 R_{i+1}间粒径平均值（mm）；

λ_V为数值上等于最大粒径数（mm）；

D 为分形维数。

测试中可将采集风沙土样品去除动植物残体、大块砾石后，再采用30%（质量浓度）H_2O_2（过氧化氢）溶液去除有机物质，采用（$NaPO_3$）$_6$（六偏磷酸钠）溶液浸泡使土粒分散。

第二节　基于集沙仪监测法对干旱风沙区盐池县典型退耕还林地防风固沙效益监测研究

利用集沙仪法分别于2016—2021年连续6年对干旱风沙区盐池县高沙窝典型退耕还林柠条林地、樟子松林地、封育半固定沙地近地表风蚀量进行了监测研究，以鸦儿沟放牧地为对照，开展了干旱风沙区盐池县典型退耕还林地近地表风蚀量的影响研究与评价。分别于每年3月、4月、5月、6月、9月、12月进行取样称重，并对必要的沙粒样品取回试验室开展样品粒径组成等测试分析。

一、2016—2021年集沙仪在不同立地类型的集沙分析

1. 2016年集沙仪分析

高沙窝退耕还林柠条林地、天池子樟子松林地及鸦儿沟放牧地集沙仪如图3-1所示，鸦儿沟放牧地的集沙量最多，除9月外，其他时间均明显高于其他两地，5—12月的集沙量分别为6.87g、1.08g、1.92g、0.90g。高沙窝退耕还林柠条林地和天池子樟子林地的集沙量无明显差异，分别在0.17～1.87g、0.23～1.59g，较鸦儿沟放牧地分别下降了16.93%～87.81%、2.26%～97.50%。

2. 2017年集沙仪分析

2017年盐池不同立地类型集沙仪如图3-2所示，高沙窝退耕还林柠条林地、天池子樟子松林地的集沙量在4—12月基本呈先升后降趋势，分别在6月、9月达最大值0.67g、0.66g，是4月的3.19倍、3.47倍。而鸦儿沟放牧地呈下降趋势，除12月以外，其他时间的集沙量均明显高于高沙窝退耕还林柠条林地和天池子樟子松林地，其中4月达最大值1.53g，分别是其他两地的

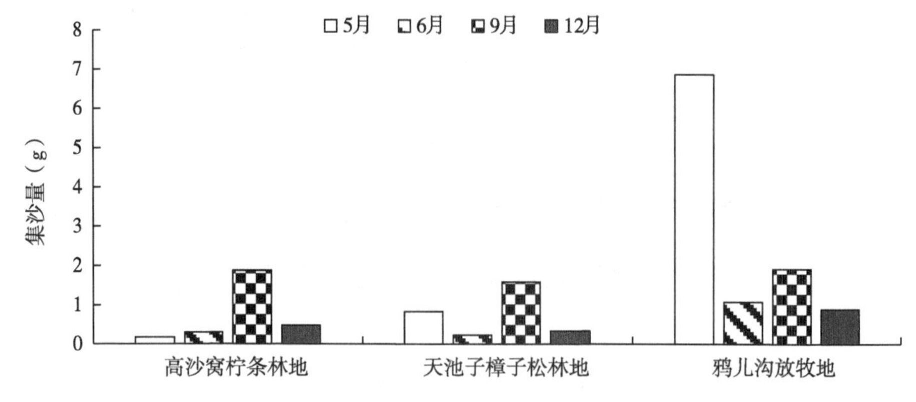

图 3-1　2016 年盐池集沙仪集沙分析

7.29 倍、8.05 倍，12 月集沙量最小（1.53g），较 4 月下降了 65.36%。

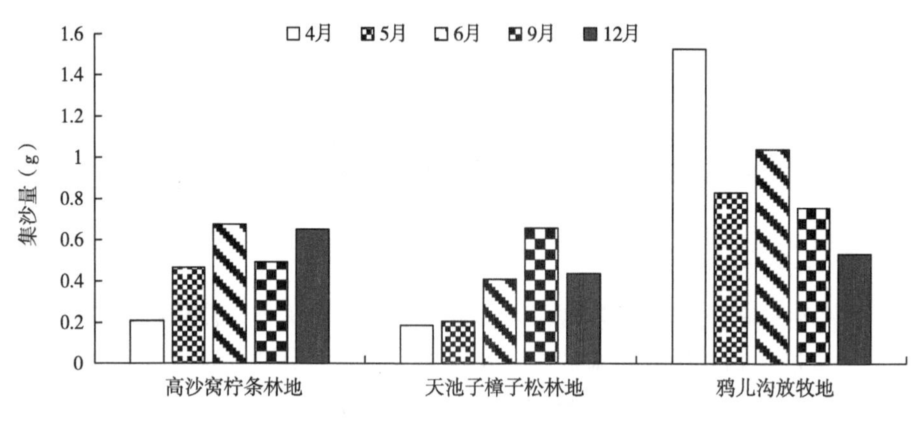

图 3-2　2017 年盐池集沙仪集沙分析

3. 2018 年集沙仪分析

如图 3-3 所示，2018 年鸦儿沟放牧地的集沙量整体高于高沙窝退耕还林柠条林地和天池子樟子松林地。鸦儿沟放牧地在 12 月集沙量最高，达 0.98g，分别是其他两地的 5.76 倍、2.97 倍。而高沙窝退耕还林柠条林地和天池子樟子松林地均在 9 月达最大值，分别为 0.49g、0.66g。三地 6 月的集沙量均最小，且差异不明显，在 0.07~0.12g。

4. 2019 年集沙仪分析

2019 年盐池不同立地类型集沙仪集沙量如图 3-4 所示，3—12 月三地的

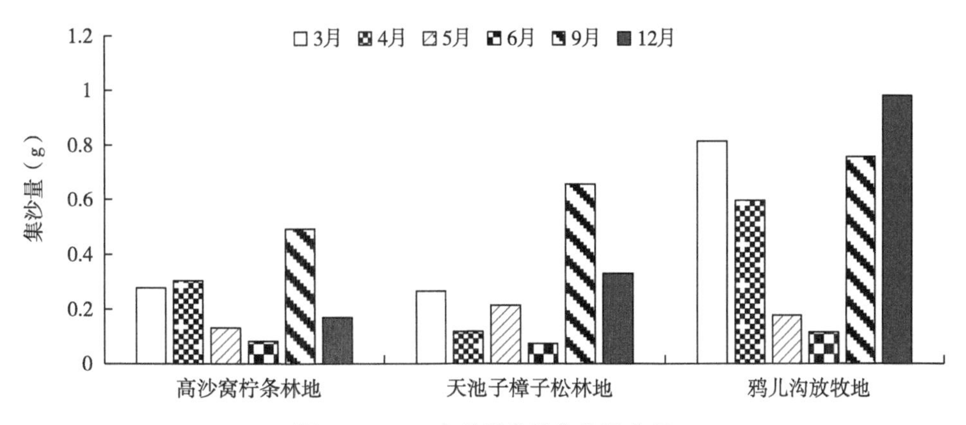

图 3-3　2018 年盐池集沙仪集沙分析

集沙量均在 3 月达最大值，显著高于其他时间，但三地的集沙量差异不明显，分别为 1.79g、1.88g、1.96g；4 月均最低，分别较 3 月下降了 83.24%、93.62%、69.39%。高沙窝退耕还林柠条林地、天池子樟子松林地及鸦儿沟放牧地 5—12 月的集沙量差异不明显，在 0.94~1.35g。

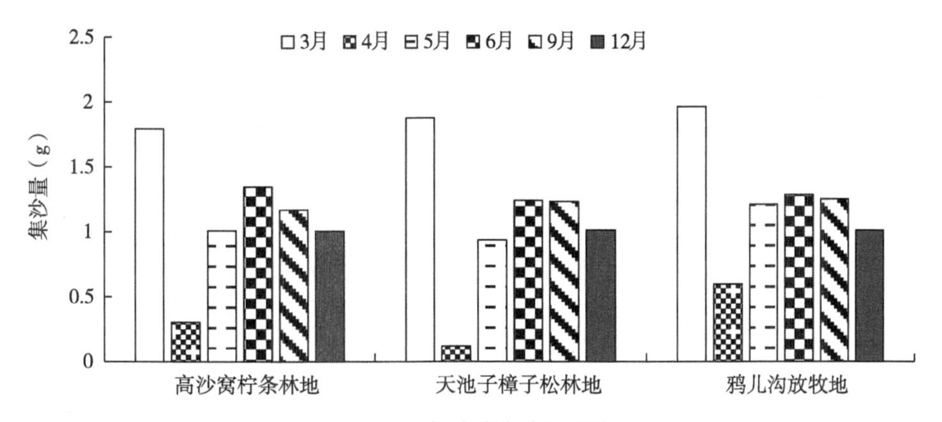

图 3-4　2019 年盐池集沙仪集沙分析

5. 2020 年集沙仪分析

2020 年盐池高沙窝柠条林地、天池子樟子松林地及鸦儿沟放牧地 3—12 月的集沙量如图 3-5 所示，鸦儿沟放牧地的集沙量最高，尤其 6 月、9 月明显高于其他两地，分别为 4.22g、5.43g，是高沙窝退耕还林柠条林地、天池子樟子松林地的 3.48~4.21 倍，其他月份的差异不明显。同时，高沙窝柠条林地和天池子樟子松林地在3—12月的集沙量差异不明显，分别在0.95～1.56g、0.96～1.32g。

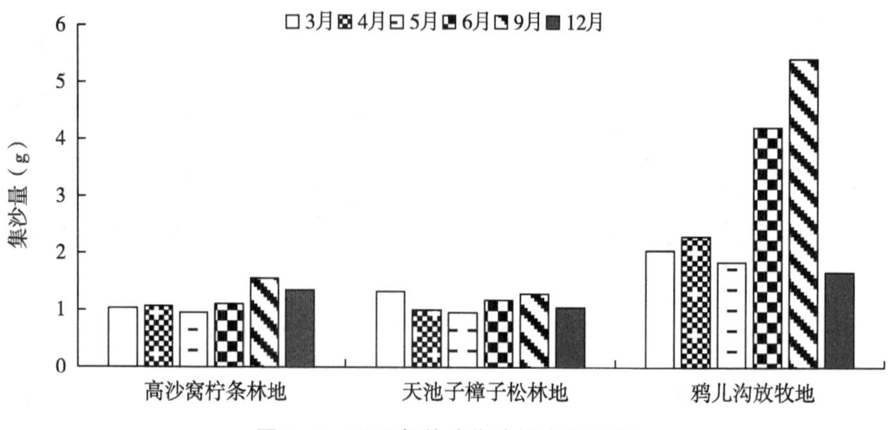

图3-5　2020年盐池集沙仪集沙分析

6. 2021年集沙仪分析

如图3-6所示，2021年盐池鸦儿沟放牧地3—11月的集沙量高于高沙窝柠条林地和天池子樟子松林地，其中3—5月的集沙量明显高于其他两地，分别为4.09g、4.84g、6.30g，亦明显高于6—11月的集沙量，分别是6月、9月、11月的2.64倍、2.66倍、2.53倍。而高沙窝退耕还林柠条林地和天池子樟子松林地的集沙量差异不明显，3—11月的集沙量分别在0.56～1.32g、

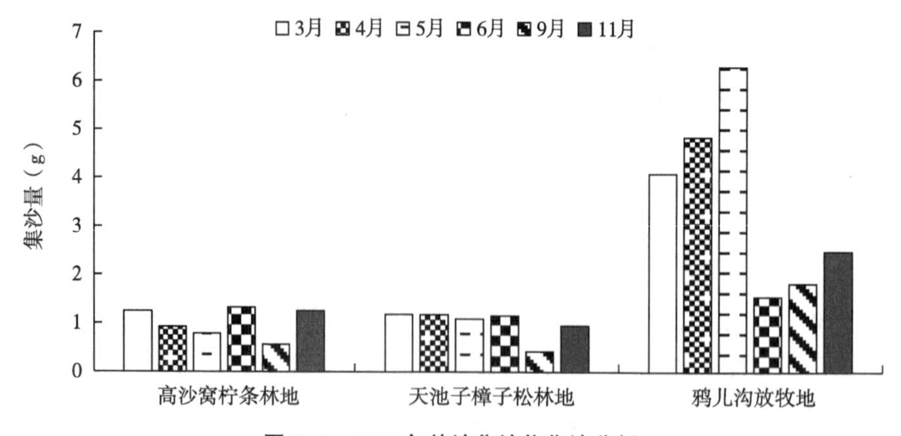

图3-6　2021年盐池集沙仪集沙分析

0.42～1.18g，较鸦儿沟放牧地下降了14.74%～87.55%。

7.2016—2021年天池子半固定沙丘集沙分析

天池子半固定沙丘集沙量明显高于樟子松林地、柠条林地和放牧地，可能原因是沙丘的活动较大，单位时间内的风沙流较强，因此沙丘中集沙仪的沙量大。如图3-7所示，2016—2021年天池子半固定沙丘的集沙量变化差异明显，除2021年外，其他年份6月的集沙量最小，分别为0.85g、0.58g、1.15g、4.36g、5.15g，而2021年11月的集沙量最小（4.76g），与9月差异不明显。2016年和2018年9月、2017年和2020年3月、2021年5月的集沙量分别达当年最大值，且明显高于其他月份。

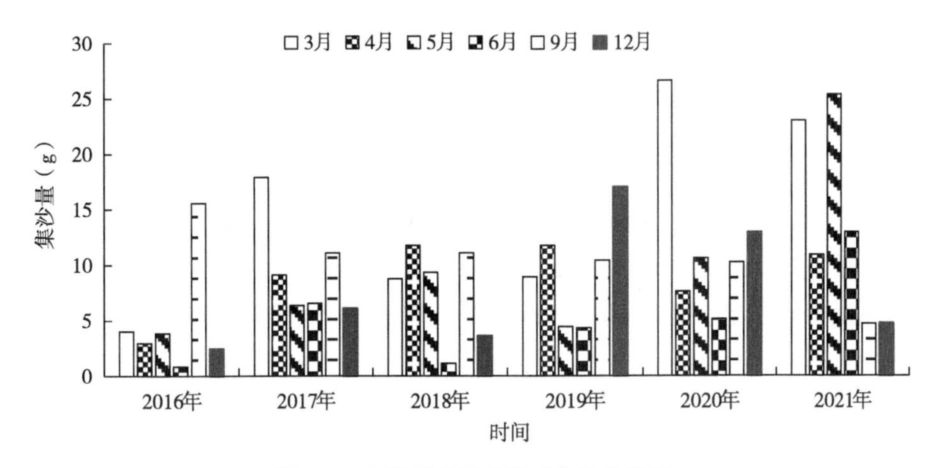

图3-7　天池子半固定沙丘集沙仪分析

二、2016—2021年集沙仪在不同高度的集沙分析

1. 高沙窝柠条林地2016—2021年集沙仪分析

（1）2016年集沙仪分析。2016年高沙窝退耕还林柠条林地集沙量在5—12月随集沙仪高度的增加基本呈下降趋势（图3-8），10cm时集沙量最多，6月、9月、12月10cm高度的集沙量是其他高度的3.84～13.91倍、2.71～1.88倍、2.24～11.18倍，200cm高度的集沙量最少，仅为0.069g、1.21g、0.11g。而5月的集沙量随集沙仪的升高其变化不明显。10～200cm高度的集沙量在0.11～0.26g。

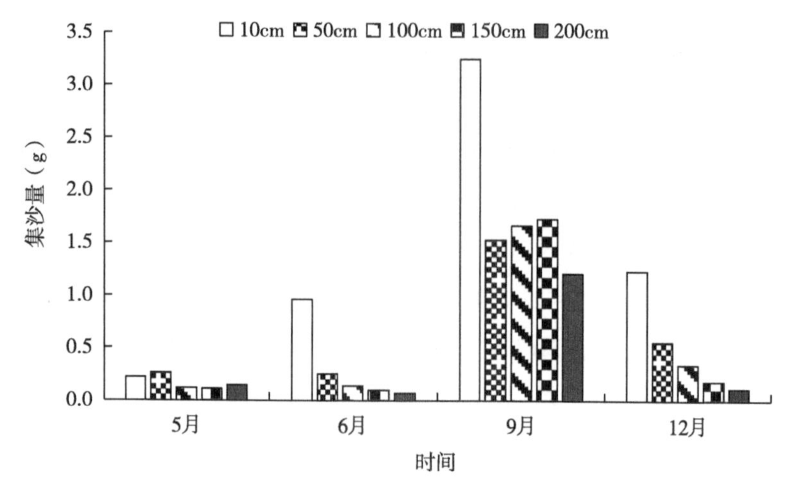

图 3-8　2016 年高沙窝柠条林地集沙仪分析

（2）2017 年集沙仪分析。如图 3-9 所示，2017 年高沙窝柠条林地集沙量随集沙仪升高而下降，10cm 高度的集沙量明显高于其他处理，4—12 月分别为 0. 59g、0. 69g、0. 90g、1. 84g、2. 51g，是 200cm 高度的 7. 38 倍、1. 92 倍、1. 58 倍、20. 22 倍、52. 95 倍，50~200cm 高度的集沙量差异不明显。

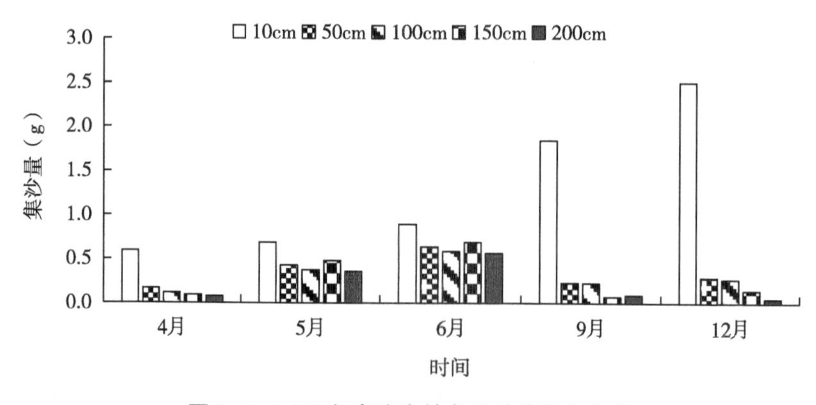

图 3-9　2017 年高沙窝柠条林地集沙仪分析

（3）2018 年集沙仪分析。2018 年集沙量与 2017 年的变化基本相似，均随集沙仪高度增加呈下降趋势（图 3-10），10cm 高度的集沙量最高，说明就地起沙现象明显。6 月的集沙量最小，12 月的次之，说明风蚀现象集中发生在

3—5 月。3 月和 4 月的差异不明显，10cm 的集沙量分别为 0. 58g、0. 59g，是 20cm 高度的 5. 80 倍、6. 63 倍。

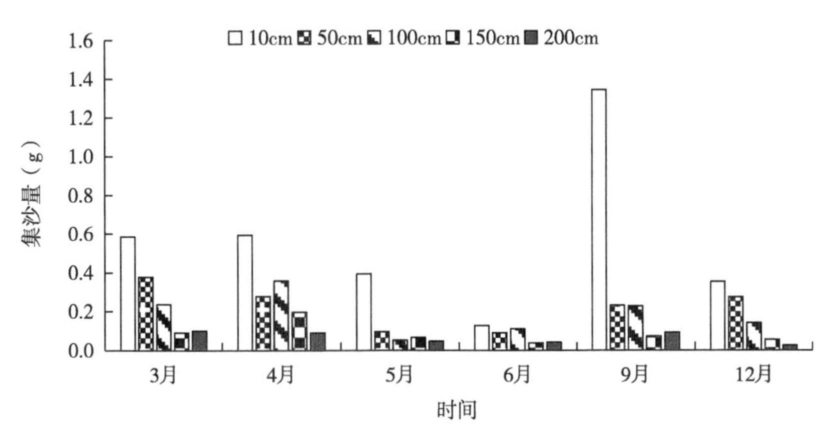

图 3-10　2018 年高沙窝柠条林地集沙仪分析

（4）2019 年集沙仪分析。高沙窝退耕还林柠条林地 2019 年 3—12 月的集沙量差异明显，且明显高于 2017 年和 2018 年。如图 3-11 所示，3 月的集沙量最大，10～200cm 高度差异不明显，在 1. 75～1. 89g，较其他月份增加了 66. 68%～92. 31%。4 月和 6 月次之，且差异不明显，12 月的集沙量最小。说明 2019 年高沙窝柠条地的风蚀现象主要发生在 3 月。

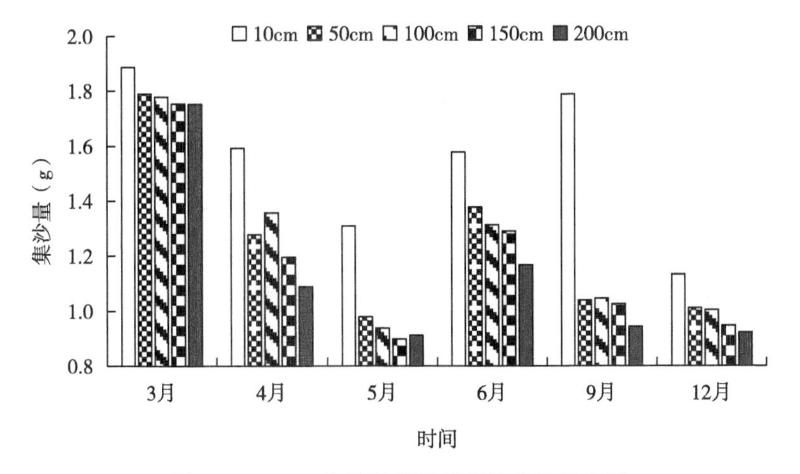

图 3-11　2019 年高沙窝柠条林地集沙仪分析

（5）2020年集沙仪分析。2020年集沙仪监测分析发现，3—6月的集沙量变化不明显（图3-12），且低于2019年，但2020年9月和12月高于2019年的。2020年9月10cm高度的集沙量最大为2.60g，是其他时间的1.60~2.60倍。2020年后半年的风蚀现象较明显，3月时10cm的集沙量较9月下降了47.40%，4月、5月10cm高度的集沙量差异不明显，且4月时10cm高度的集沙量低于50~200cm，说明此时风沙主要以悬移方式活动，所以贴近地面的集沙量小。

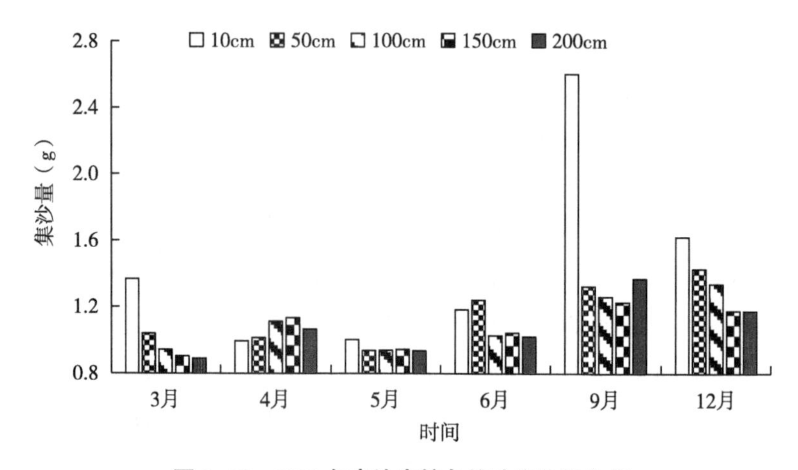

图3-12　2020年高沙窝柠条林地集沙仪分析

（6）2021年集沙仪分析。2021年高沙窝柠条地集沙量分析如图3-13所示，10cm高度的集沙量在3—11月的变化差异明显，5月最低为0.91g，9月最高为2.44g，较其他时间提高了6.55%~168.13%。3—5月10cm、50cm、100cm、150cm、200cm高度集沙量的变化差异不明显，分别在1.12~1.43g、0.86~1.00g、0.69~0.91g。整体来看，2020年和2021年3—5月的集沙量较少，风蚀现象不明显，而9—12月的风蚀现象明显。

2. 天池子樟子松林地2016—2021年集沙仪分析

（1）2016年集沙仪分析。2016年天池子樟子松林地风蚀现象主要发生在9月，如图3-14所示，10cm高度的集沙量明显高于其他高度，5月、6月、9月和12月的集沙量分别为2.56g、0.97g、2.78g、1.17g，是200cm时的5.69倍、31.29倍、2.34倍、6.16倍。6月的集沙量最少，说明6月的风蚀现象不

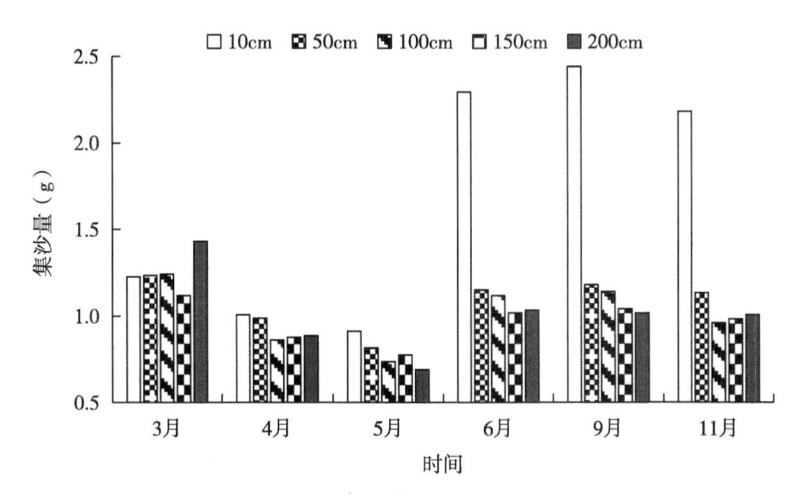

图 3-13　2021 年高沙窝柠条林地集沙仪分析

明显，不易发生沙尘天气。

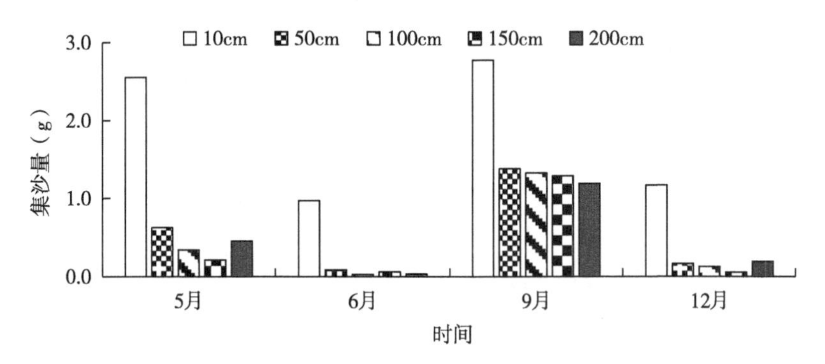

图 3-14　2016 年天池子樟子松林地集沙仪分析

（2）2017 年集沙仪分析。天池子樟子松林地 4—12 月的集沙量如图 3-15 所示，随集沙仪高度的增加，集沙量整体呈下降趋势，尤其 50cm 时下降显著。10cm 高度的集沙量均最大，分别为 0.38g、0.48g、0.69g、2.71g、1.56g，50~200cm 集沙量的变化差异不明显，尤其 5 月、6 月，分别在 0.11~0.15g、0.32~0.36g。9 月 10cm 的集沙量达全年最大值 2.71g，但 50~200cm 明显低于 6 月，说明此时的风沙以蠕移方式活动，以就地起沙为主。

（3）2018 年集沙仪分析。如图 3-16 所示，2018 年樟子松林地集沙仪监测分析发现，2018 年变化与 2017 年相似，但小于 2017 年的集沙量。3—12 月

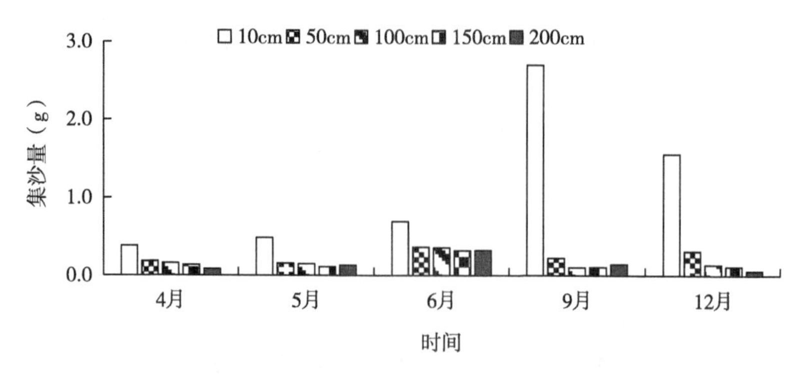

图 3-15　2017 年天池子樟子松林地集沙仪分析

10cm 高度的集沙量分别为 0. 52g、0. 29g、0. 35g、0. 16g、1. 21g、0. 94g，其中 9 月和 12 月明显高于其他时间，分别是 3 月、4 月、5 月、6 月的 2. 33～7. 56 倍、1. 81～5. 88 倍。而 3—12 月 50～200cm 的集沙量变化不明显，分别在 0. 08～0. 26g、0. 04～0. 20g、0. 04～0. 18g、0. 03～0. 16g。

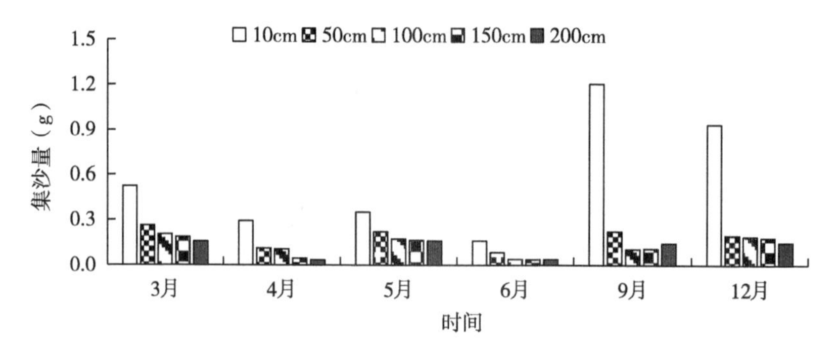

图 3-16　2018 年天池子樟子松林地集沙仪分析

（4）2019 年集沙仪分析。2019 年不同高度集沙仪的集沙量变化差异明显，整体高于 2017 年和 2018 年，尤其 3—6 月差异明显，说明 2019 年风沙活动强烈，风蚀现象明显，以 3 月为主。除 12 月以外，其他时间 10cm 高度的集沙量均高于 50～200cm，200cm 的集沙量均最低。3 月、5 月、6 月时，50～200cm 的集沙量变化差异不明显，说明该地的风沙主要以蠕移的方式活动。

（5）2020 年集沙仪分析。2020 年天池子樟子松林地的集沙量如图 3-18 所示，3—5 月 10cm 的集沙量略低于 50cm 高度，其中 4 月和 5 月的差异不明显，说明 2020 年春季风沙活动不明显，不易发生风蚀现象，收集到的沙粒以

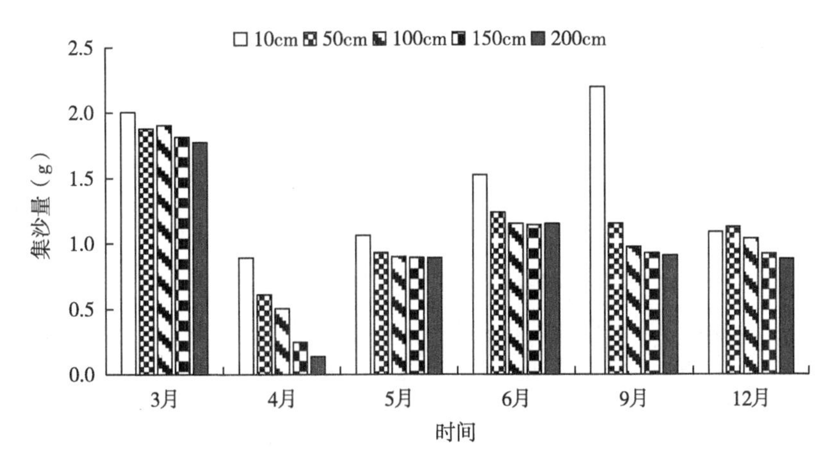

图 3-17　2019 年天池子樟子松林地集沙仪分析

周边环境外来沙粒为主。而 6—12 月 10cm 高度的集沙量明显高于其他高度，且高于 3—5 月，9 月时达当年最大值 2.31g，分别较 3 月、4 月、5 月提高了 67.39%、122.12%、140.63%。

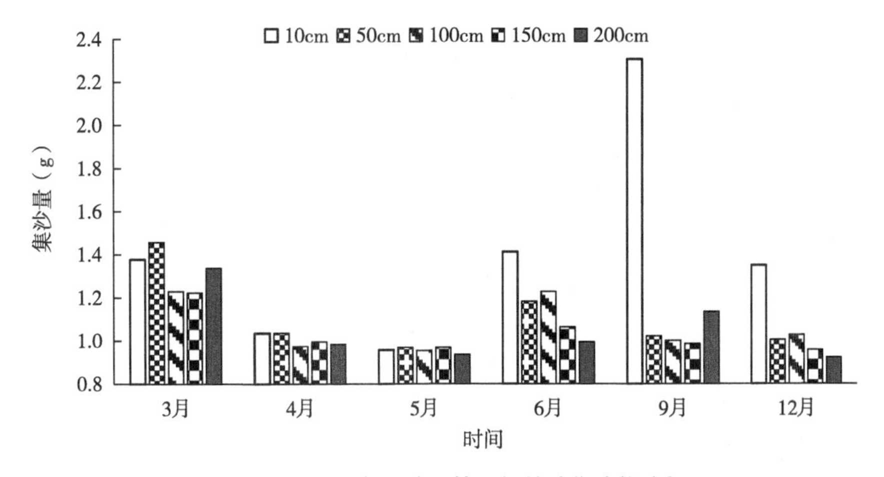

图 3-18　2020 年天池子樟子松林地集沙仪分析

（6）2021 年集沙仪分析。如图 3-19 所示，2021 年天池子樟子松林地集沙仪监测发现，3—6 月的风蚀现象明显，尤其 5 月，10cm 高度的集沙量达当年最大值 1.91g，较其他时间提高了 20.61%、48.84%、46.36%、61.70%、58.29%。说明该地 3—5 月易发生风蚀现象，应提前做好预防，而 50~200cm

高度的集沙仪集沙量也较高于其他时间的，说明 2021 年天池子樟子松林地周边外来沙粒较多。9 月虽有风蚀现象，但明显小于 3—5 月。

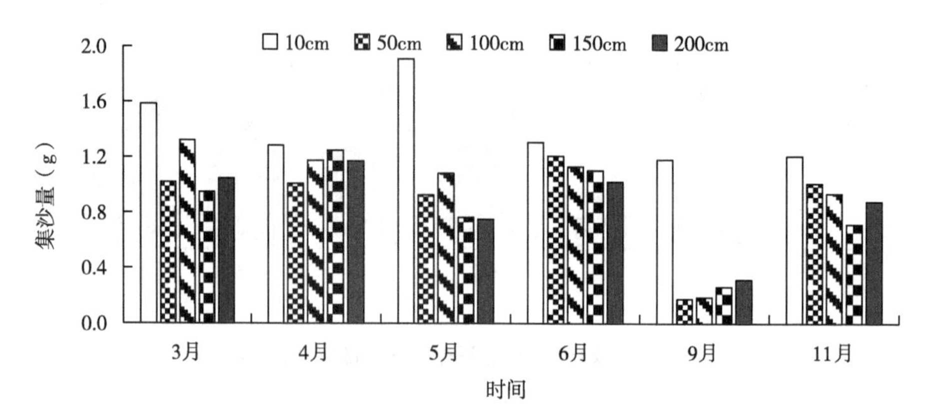

图 3-19　2021 年天池子樟子松林地集沙仪分析

3. 2016—2021 年鸦儿沟放牧地集沙仪分析

（1）2016 年集沙仪分析。鸦儿沟放牧地的集沙量如图 3-20 所示，除 5 月外，其他时间的集沙量均随集沙仪高度的增加而下降，5 月时 150cm 和 200cm 的集沙量虽有升高趋势，但明显低于 10cm 的集沙量，说明此时间有周边环境中的沙粒入侵，但不明显。5—12 月 10cm 高度的集沙量分别为 5. 81g、4. 23g、2. 75g、2. 24g，较 50cm 提高了 51. 43%、671. 14%、28. 35%、177. 61%。5 月的风蚀现象明显，且有外来沙粒，12 月的风蚀现象明显减小。

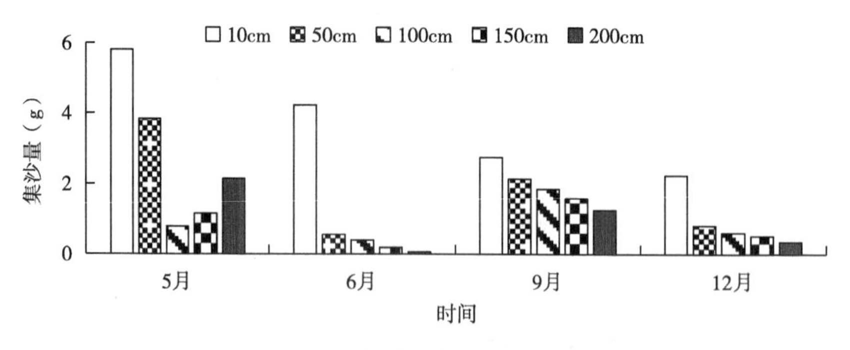

图 3-20　2016 年鸦儿沟放牧地集沙仪分析

（2）2017 年集沙仪分析。2017 年鸦儿沟放牧地的集沙量如图 3-21 所示，随集沙仪高度增加，集沙量基本呈下降趋势，尤其 4 月表现明显。10cm 高度的集沙量分别为 3.05g、1.27g、1.47g、2.43g、1.20g，是 200cm 的 16.93 倍、1.72 倍、1.56 倍、6.11 倍、5.43 倍。2017 年风蚀现象主要发生在春季，以 4 月为主，且均为就地起沙。9 月、12 月的风蚀现象略低于春季。

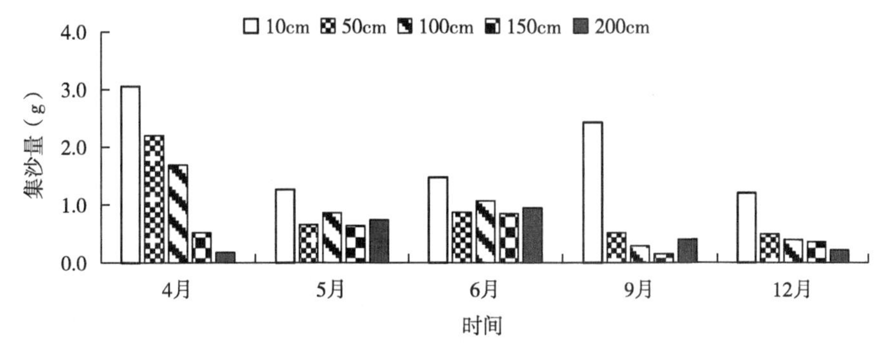

图 3-21　2017 年鸦儿沟放牧地集沙仪分析

（3）2018 年集沙仪分析。鸦儿沟放牧地集沙仪集沙量变化规律如图 3-22 所示，除 3 月外，其他时间 10cm 的集沙量均明显高于其他高度，尤其 9 月的差异显著，最大值为 1.43g，是其他时间同一高度的 1.08～4.82 倍。3 月，50cm 高度的集沙量大于 10cm，较 10cm 提高了 21.32%，说明鸦儿沟放牧地 3 月的风沙以悬移方式活动，所以贴近地面的集沙量较小，而 2018 年 12 月的风蚀现象较其他年份明显，风蚀量在 0.68～1.32g。

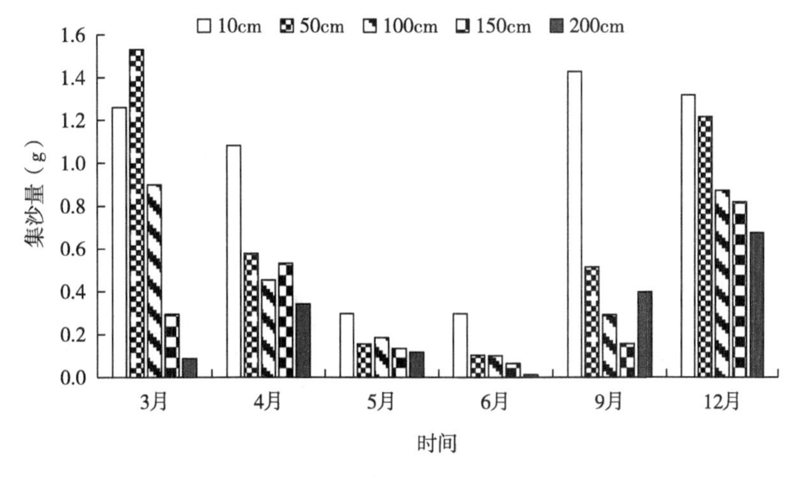

图 3-22　2018 年鸦儿沟放牧地集沙仪分析

（4）2019年集沙仪分析。2019年的集沙量如图3-23所示，鸦儿沟放牧地3—12月的集沙量变化差异明显，与其他年份的变化规律相似，10cm高度的集沙量大于50～200cm，尤其4—9月表现明显，分别为1.08g、1.80g、1.71g、2.05g。3月时10cm的集沙量与100cm差异不明显，分别为2.26g、2.19g，说明此时的集沙量以周边外来环境中的沙粒为主。

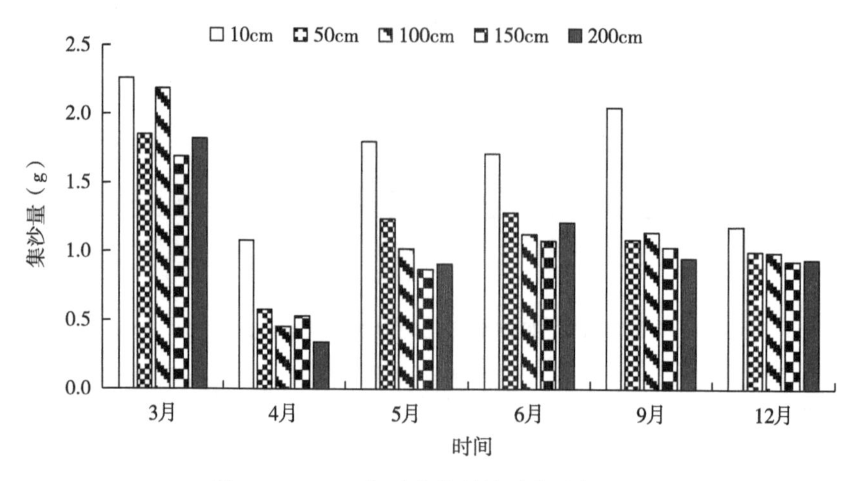

图3-23　2019年鸦儿沟放牧地集沙仪分析

（5）2020年集沙仪分析。如图3-24所示，2020年鸦儿沟放牧地集沙量高于2019年，尤其4月、5月、6月、9月较2019年差异明显。随集沙仪的增

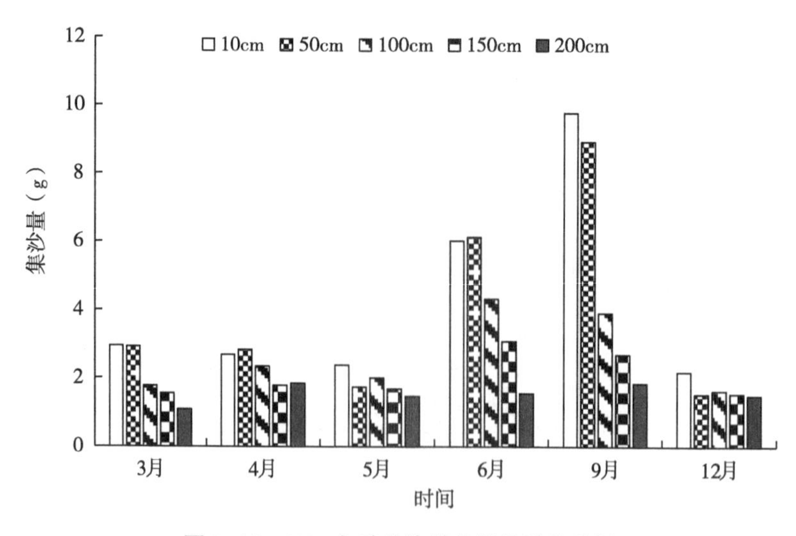

图3-24　2020年鸦儿沟放牧地集沙仪分析

高，集沙量基本呈下降趋势，4 月、6 月 50cm 高度的集沙量略高于 10cm，但差异不明显，分别为 2.68g、2.83g；6.01g、6.12g。3 月 10cm 高度的集沙量（2.94g）与 50cm（2.91g）的差异不明显，说明 2020 年春季风蚀现象明显，同时有周边环境中的沙粒混入。

（6）2021 年集沙仪分析。2021 年鸦儿沟放牧地的风蚀现象明显，集沙量是近几年中最多的，尤其 3 月、4 月、5 月，分别是 2020 年的 1.99 倍、2.11 倍、3.40 倍。如图 3-25 所示，除 3 月以外，其他时间 10cm 高度的集沙量明显高于 50~200cm，4—11 月 10cm 的集沙量分别是其他高度的 2.28~4.76 倍、1.43~5.61 倍、1.04~1.67 倍、3.35~20.92 倍、1.78~4.09 倍。

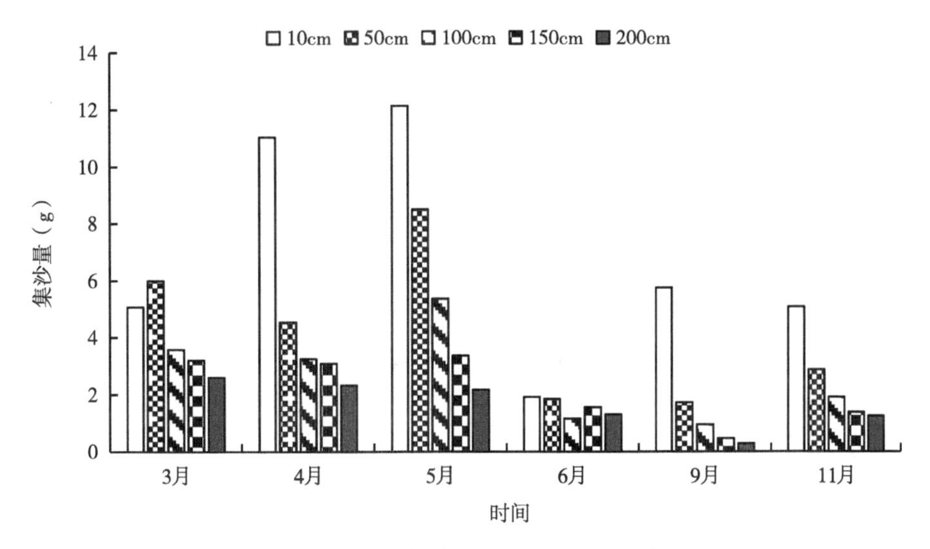

图 3-25　2021 年鸦儿沟放牧地集沙仪分析

4. 2016—2021 年天池子半固定沙丘不同高度集沙仪分析

（1）10cm 集沙仪分析。天池子半固定沙丘近几年的集沙量如图 3-26 所示，不同年份、不同月份之间差异明显，3—12 月 10cm 高度的集沙量在 4.93~125.07g。整体来看，2020 年、2021 年风蚀现象明显，且春季集沙量较高，尤其以 3 月为主。2019 年 9—12 月的风蚀量也占一定比例，但由于 9 月是 7 月、8 月、9 月 3 个月的总和，而 12 月是 10 月、11 月、12 月 3 个月的总和，因此风蚀严重的季节仍然是春季。

（2）50cm 集沙仪分析。如图 3-27 所示，天池子半固定沙丘 10cm 高度的

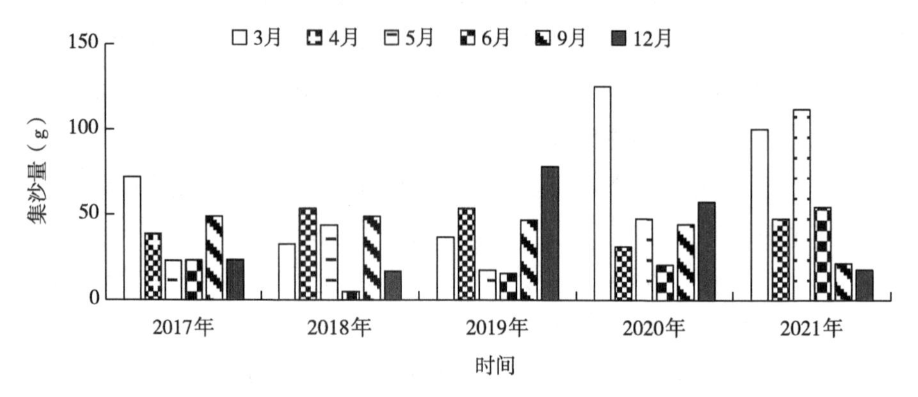

图 3-26　2017—2021 年天池子半固定沙丘 10cm 集沙仪分析

集沙量明显高于 50cm，2017—2021 年分别是 50cm 的 5.99 倍、10.08 倍、16.17 倍、21.76 倍、12.37 倍。2017 年 3 月 50cm 的集沙量达近几年的最大值 13.33g，是其他年份的 1.67～5.96 倍。2018 年 9 月的集沙量随有升高趋势，但明显低于 3 月，较 3 月下降了 34.30%。2021 年 5 月 50cm 的集沙量较高，较 3 月增加了 43.85%。

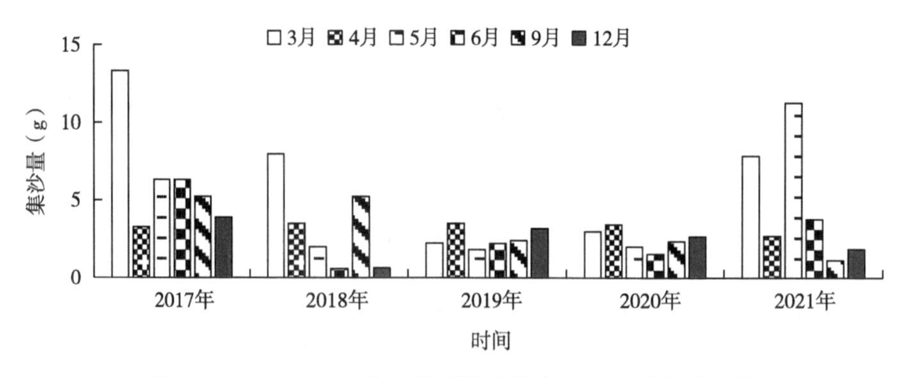

图 3-27　2017—2021 年天池子半固定沙丘 50cm 集沙仪分析

（3）100cm 集沙仪分析。天池子半固定沙丘 100cm 高度的集沙量如图 3-28 所示，3 月的集沙量最高，2017—2021 年分别为 3.17g、1.31g、2.07g、1.87g、3.04g，是其他月份的 1.26～23.61 倍，说明 3 月的风蚀现象明显。12 月的集沙量虽有上升趋势，但明显低于 3 月，又因为 12 月的集沙量为 10 月、

11 月、12 月 3 个月的总和，因此风蚀严重的季节是春季，以 3 月为主。

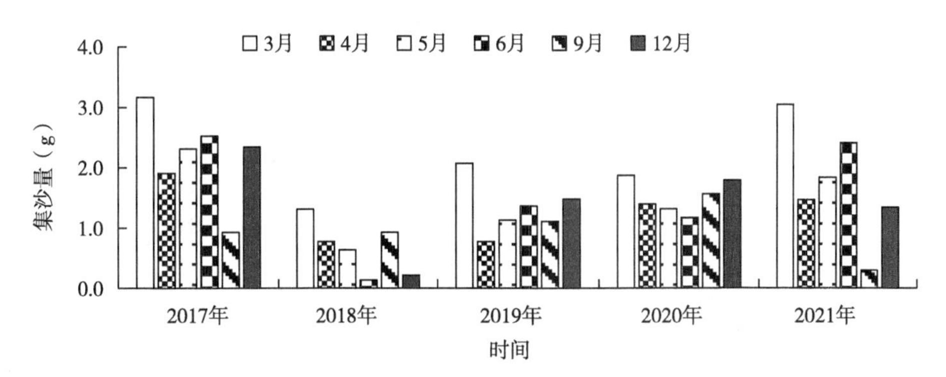

图 3-28　2017—2021 年天池子半固定沙丘 100cm 集沙仪分析

（4）150cm 集沙仪分析。150cm 与 100cm 高度的集沙量无明显差异，且在 2017—2021 年随月份的变化规律相似（图 3-29）。除 2017 年外，其他年份的集沙量均在 3 月达最大值，分别为 1.30g、1.96g、1.79g、2.24g，分别是其他月份的 1.94~30.55 倍、1.43~2.93 倍、1.25~1.71 倍、1.14~10.89 倍。

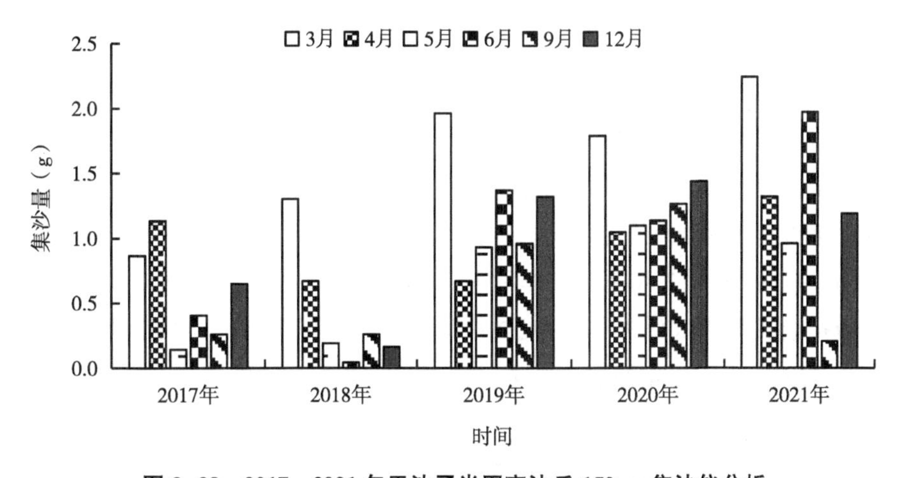

图 3-29　2017—2021 年天池子半固定沙丘 150cm 集沙仪分析

（5）200cm 集沙仪分析。如图 3-30 所示，2017 年和 2018 年 200cm 集沙量明显小于 2019—2021 年，且无明显变化规律。整体来看，3—6 月集沙量较高，说明 3—6 月风蚀现象明显。2019—2021 年 200cm 的风蚀量较高，可能是以周边环境中的沙粒为主。

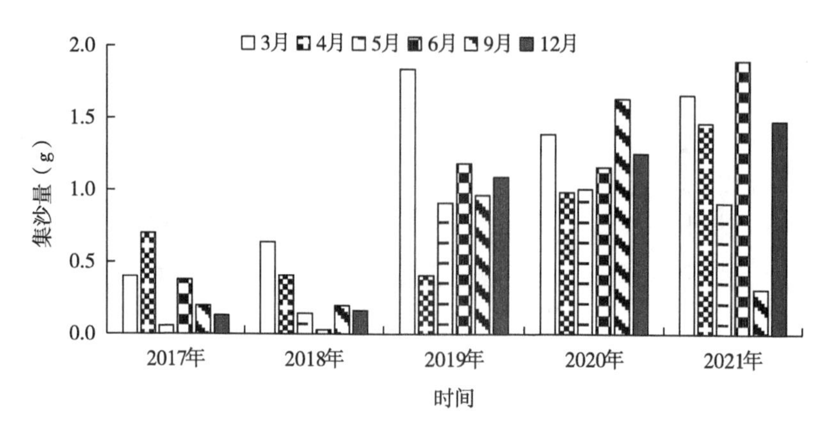

图 3-30　2017—2021 年天池子半固定沙丘 200cm 集沙仪分析

第三节　基于集沙池监测法对干旱风沙区盐池县典型退耕还林地防风固沙效益监测研究

利用集沙池（集沙槽）法分别于 2016—2021 年连续 6 年对干旱风沙区盐池县高沙窝典型退耕还林柠条林地、樟子松林地、封育半固定沙地近地表风蚀量进行了监测研究，以鸦儿沟放牧地为对照，开展了干旱风沙区盐池县典型退耕还林地近地表风蚀量的影响研究与评价。取样时间分别于每年 3 月、4 月、5 月、6 月、9 月、12 月进行取样称重，并对必要的沙粒样品取回试验室开展样品粒径组成等测试分析，其中 2016 年由于未取到全年的样品，因此重点对 2017—2021 年连续 5 年的监测结果进行了总结分析和评价。

一、2017—2021 年集沙池在不同立地类型的集沙分析

1. 天池子樟子松林地

对天池子樟子松林地集沙池分析发现，9 月的集沙量较高，其中 2017 年达近几年最大值2 480. 00 g，可能原因是 9 月降水较多，风蚀监测期间降水明

显影响了监测结果，收集到的沙粒实际是风蚀与降水时溅起的沙粒，而实际监测发现由于降水溅入的沙量明显高于风蚀量，因此实际风蚀量最大产生在3—5月，以4月为最高（图3-31）。

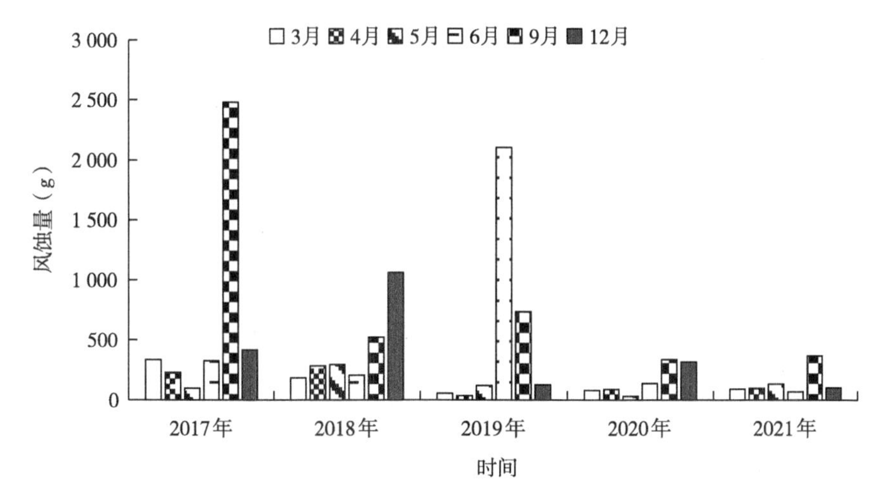

图3-31　天池子樟子松林地集沙池集沙量分析

2. 高沙窝柠条林地

通过集沙池法对高沙窝柠条地风蚀监测发现，2017—2021年，9月的风蚀量最大，分别为1 390.00 g、2 039.67 g、931.00g、589.33g、919.67g，是其他月份的2.19～11.01倍、6.44～15.34倍、5.21～14.28倍、1.93～9.02倍、3.65～13.04倍。但由于9月的集沙量为7月、8月、9月3个月的总和，加上9月降水较多，风蚀监测期间降水明显影响了监测结果，收集到的沙粒实际是风蚀与降水时溅起的沙粒，而实际监测发现由于降水溅入的沙量明显高于风蚀量，因此9月不是当年风蚀现象明显的月份，而3—5月的风蚀现象明显（图3-32）。

3. 鸦儿沟放牧地

2017—2021年鸦儿沟放牧地的风蚀量如图3-33所示，4月的风蚀量较高，尤其2017年和2021年表现明显，2017年4月的风蚀量是其他月份的8.63～37.35倍，而2021年是其他月份的1.14～19.72倍。整体来看，2021年的风蚀量较高，尤其4月、5月，2019年风蚀现象不明显，3—12月的风蚀量在90.13～937.00g，明显低于其他年份。

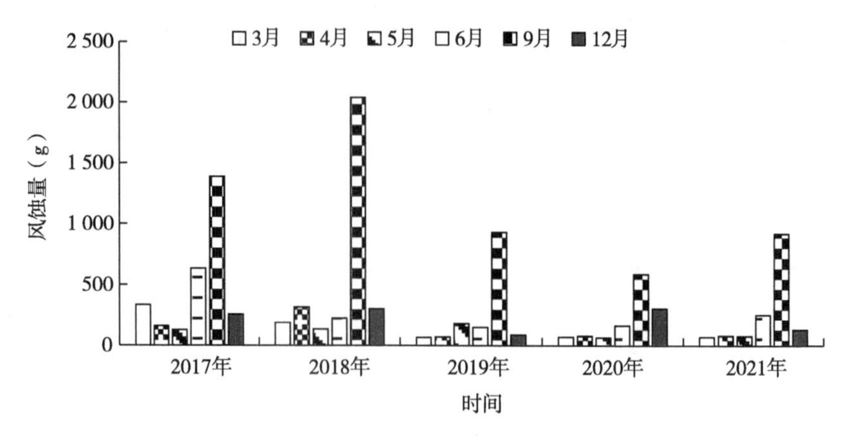

图 3-32　高沙窝柠条林地集沙池集沙量分析

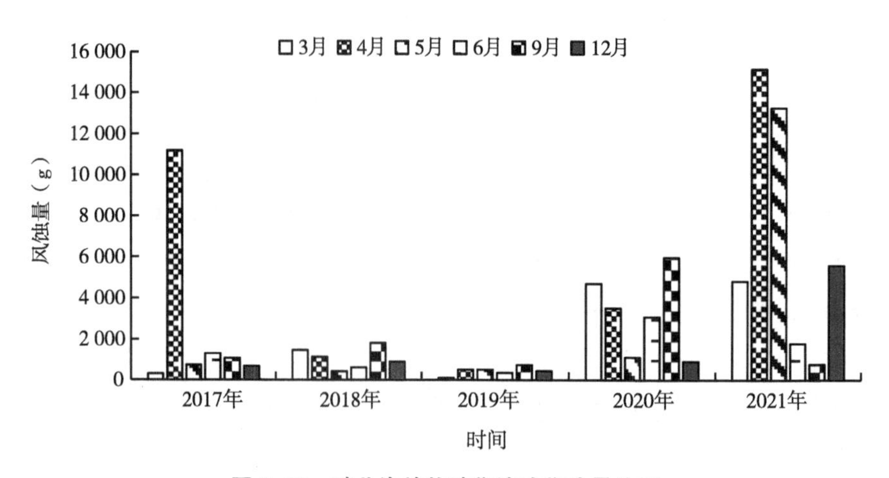

图 3-33　鸦儿沟放牧地集沙池集沙量分析

4. 2021 年鸦儿沟旱作农田风蚀量监测

2021 年鸦儿沟旱作农田的风蚀量如图 3-34 所示，4—11 月风蚀量基本呈下降趋势，4 月最高为 35 396. 67 g，是 5—11 月的 3. 93～23. 26 倍。说明春季易发生风蚀现象，出现沙尘天气，尤其 4 月，应提前做好预防措施。

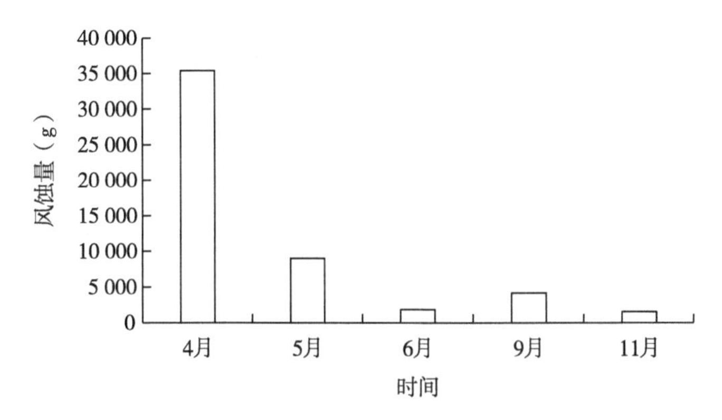

图 3-34　鸦儿沟旱作农田集沙池集沙量分析

二、2017—2021 年集沙池距不同柠条林地的集沙分析

1. 2017 年距柠条林地 1～10m 集沙池分析

集沙池距柠条林地不同距离的集沙量如图 3-35 所示，3 月、4 月的集沙量随距离增加并无显著差异，但 4 月的集沙量高于 3 月。5—9 月时，距柠条带越远，集沙量基本呈下降趋势。由于柠条林地间距为 5m，因此距柠条林地

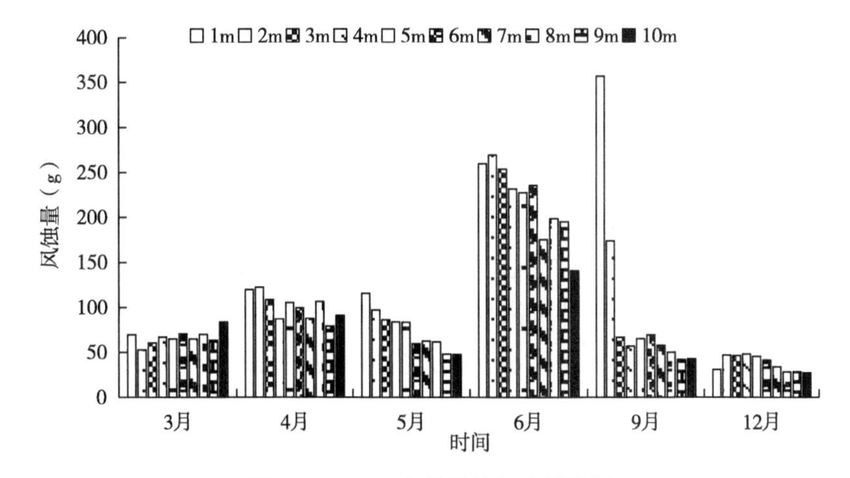

图 3-35　2017 年集沙池集沙量分析

8m、9m、10m 时，实则距另一柠条带 1m、2m、3m，因此风蚀量减少，说明柠条林地具有防风固沙作用，可以有效降低风蚀现象。

2. 2018 年距柠条林地 1~10m 集沙池分析

如图 3-36 所示，2018 年高沙窝柠条林地不同距离的风蚀量差异明显，尤其 3 月、9 月。3 月距柠条林地 6m 的集沙池风蚀量最大，为 228.67g，是其他距离的 2.61~3.75 倍，而 7~10m 的距离又逐渐靠近柠条林地，因此风蚀量又降低。4 月的风蚀量明显高于 5 月、6 月，但随柠条距离的变化差异不明显。9 月随柠条距离增加，风蚀量呈先升高后降低趋势，其中距柠条林地 4m 远时风蚀量达最大值 546.33g，是 10m 的 3.62 倍。

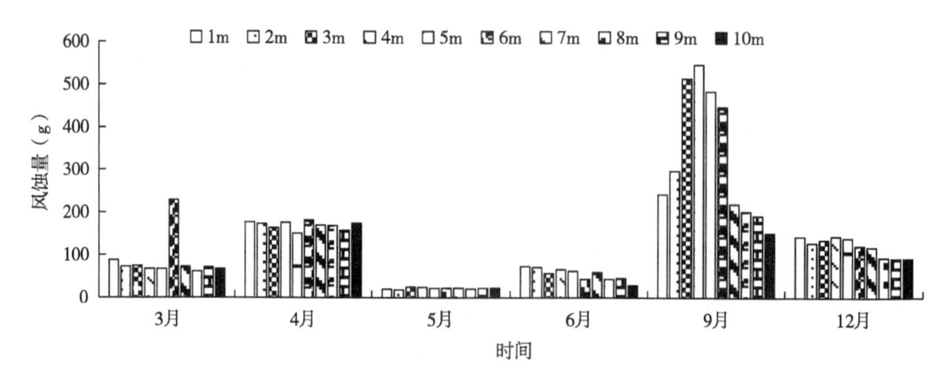

图 3-36 2018 年集沙池集沙量分析

3. 2019 年距柠条林地 1~10m 集沙池分析

如图 3-37 所示，2019 年柠条林地集沙池分析发现，距柠条林地距离越远，风蚀量越多。由于柠条林地之间距离为 5m，因此风蚀量的峰值出现在 3~4m。3 月的风蚀量较小，4 月、5 月风蚀现象明显。9 月的风蚀量虽为当年最高，但由于 9 月降水较多，监测期间降水量明显影响到了风蚀监测结果，收集到的沙粒实际上是风蚀与降水时雨滴溅起的沙粒，而实际监测发现降水溅入的沙量明显高于风蚀量，因此实际风蚀量最大产生在 4—5 月，以 5 月为最高。

4. 2020 年距柠条林地 1~10m 集沙池分析

2020 年风蚀量的变化规律与 2019 年相似，但 2020 年风蚀现象严重时发生在 3 月，距柠条林地 1~10m 处的风蚀量在 38~63g。5 月为本年度风蚀量最

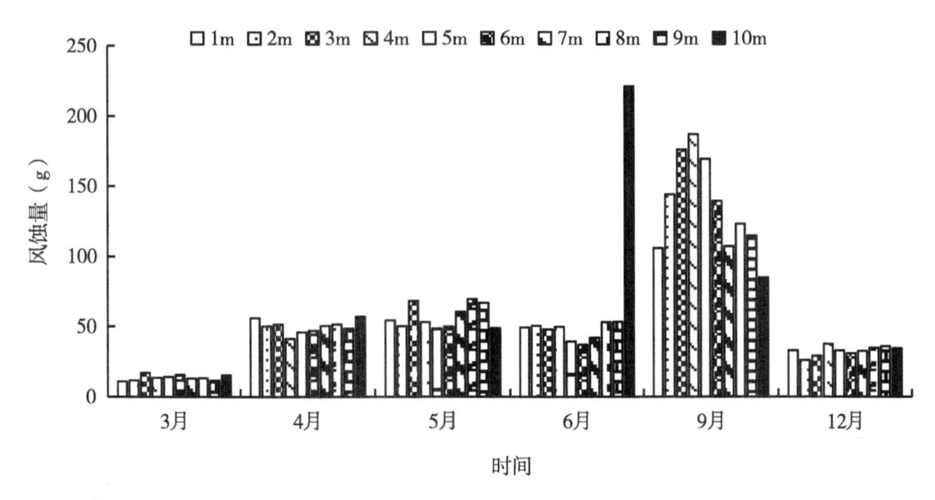

图 3-37　2019 年集沙池集沙量分析

小，且随柠条林地距离的变化不明显。同理，6 月、9 月由于降水溅起的沙粒影响了风蚀监测结果，所以 6 月、9 月的集沙总量为风蚀和水蚀两者作用的结果（图 3-38）。

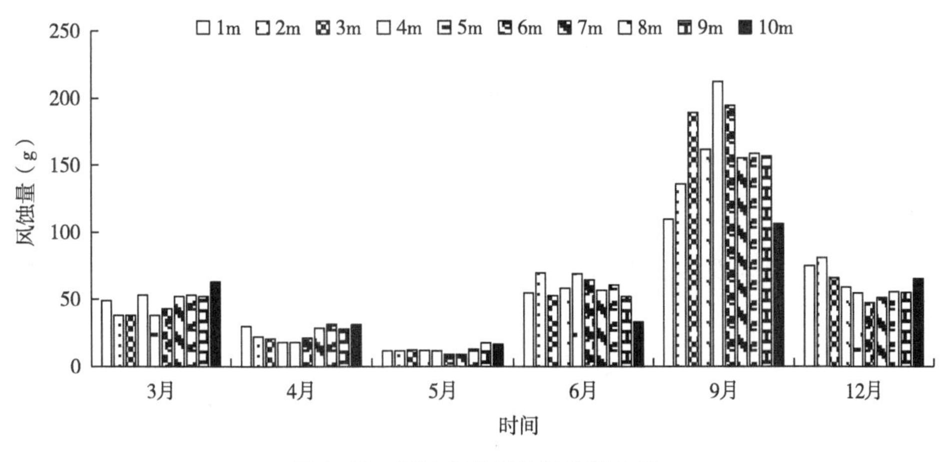

图 3-38　2020 年集沙池集沙量分析

5. 2021 年距柠条林地 1~10m 集沙池分析

2021 年距柠条林地 1~10m 的风蚀量监测结果如图 3-39 所示，6 月、9 月的风蚀量最多，分别在77～153.33g、96.33～182g，其中均在3m时达最大值，较1m时分别增加了13.86%、18.70%。10m时风蚀量均最低，这可能是柠条林地间距为5m，10m时又靠近另一柠条林地，所以柠条冠幅阻挡了风沙的活动，同时根系也有固沙作用。但6月、9月因为是风蚀与水蚀共同作用的结果，风沙活动主要发生在4—5月。

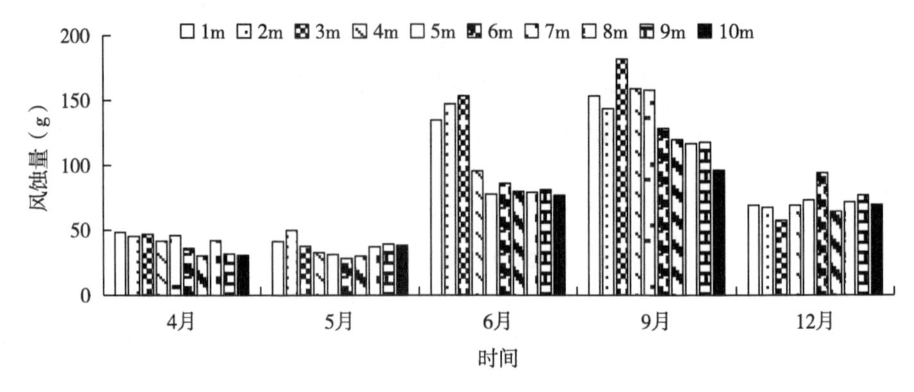

图3-39 2021年集沙池集沙量分析

第四节 干旱风沙区盐池县典型退耕还林地防风固沙效益分析评价

一、干旱风沙区盐池县典型退耕还林地土壤侵蚀量监测与对比分析

1. 不同立地类型土壤侵蚀分析

侵蚀模数是衡量土壤侵蚀程度的一个量化指标，侵蚀模数越大，土壤侵蚀强度越强。由图3-40和表3-1可知，鸦儿沟旱作农田的侵蚀模数最大，为6 923.467 t/(km^2·年)，分别是天池子樟子松林地、高沙窝柠条林地及鸦儿沟放牧地的27.15倍、30.02倍、3.67倍。根据宁夏风力侵蚀强度分级，鸦儿沟旱作农田侵蚀强度为强度，高沙窝柠条林地为微度，其他两地均为轻度。

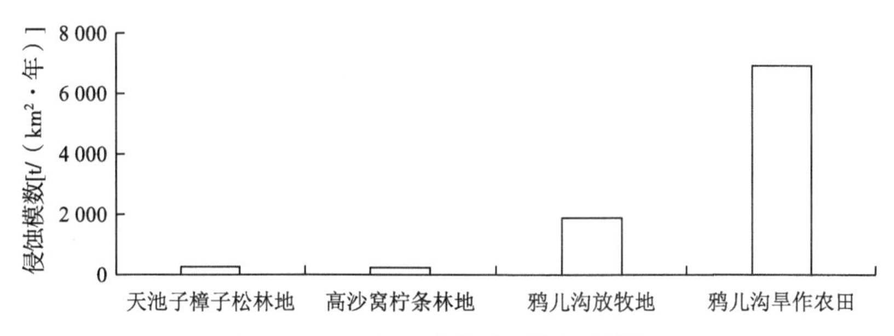

图 3-40　不同立地类型土壤侵蚀模数

表 3-1　不同立地类型土壤侵蚀强度

类型	风蚀量（g）	侵蚀模数［t/(km² · 年）］	较对照倍数（倍）	侵蚀强度
天池子樟子松林地	382.519	255.013	1.106	轻度
高沙窝柠条林地（退耕还林）	345.949	230.633	1.000	微度
鸦儿沟放牧地（对照）	2 831.688	1 887.792	8.185	轻度
鸦儿沟旱作农田	10 385.200	6 923.467	30.019	强度

2. 2017 年、2020 年、2021 年平均土壤侵蚀分析

如图 3-41 和表 3-2 所示，鸦儿沟旱作农田土壤侵蚀模数最大，为 6 923.467 t/(km² · 年)，天池子樟子松林地和高沙窝柠条林地的侵蚀模数最低，侵蚀强度均为微度，而鸦儿沟放牧地为轻度。以高沙窝柠条地为对照，鸦儿沟旱作农田地的侵蚀模数是其 49.228 倍，为强度。

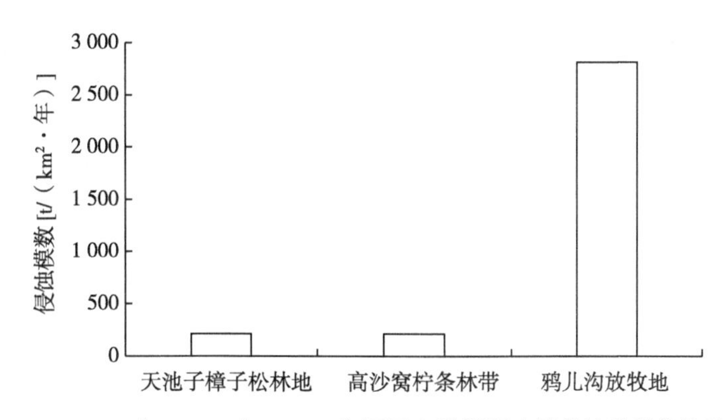

图 3-41　2017 年、2020 年、2021 年不同立地类型土壤侵蚀模数均值比较

表 3-2　2017 年、2020 年、2021 年不同立地类型平均土壤侵蚀强度

类型	风蚀量（g）	侵蚀模数［t/(km²·年)］	较对照倍数（倍）	侵蚀强度
天池子樟子松林地	212.563	141.709	1.008	微度
高沙窝柠条林地（退耕还林）	210.961	140.640	1.000	微度
鸦儿沟放牧地（对照）	2 815.216	1 876.811	13.345	轻度
鸦儿沟旱作农田	10 385.200	6 923.467	49.228	强度

3. 不同年份土壤侵蚀强度分析

由图 3-42 和表 3-3 可知，2017—2021 年天池子樟子松林地和高沙窝柠条林地的侵蚀模数变化不明显，2017 年和 2018 年均为轻度，2020 年和 2021 年侵蚀强度均为微度，而鸦儿沟放牧地 2021 年土壤侵蚀模数最大，达 4 606.556t/(km^2·年)，为中度侵蚀，其他年份均为轻度，侵蚀模数在 291.644~2 145.444t/(km^2·年)。

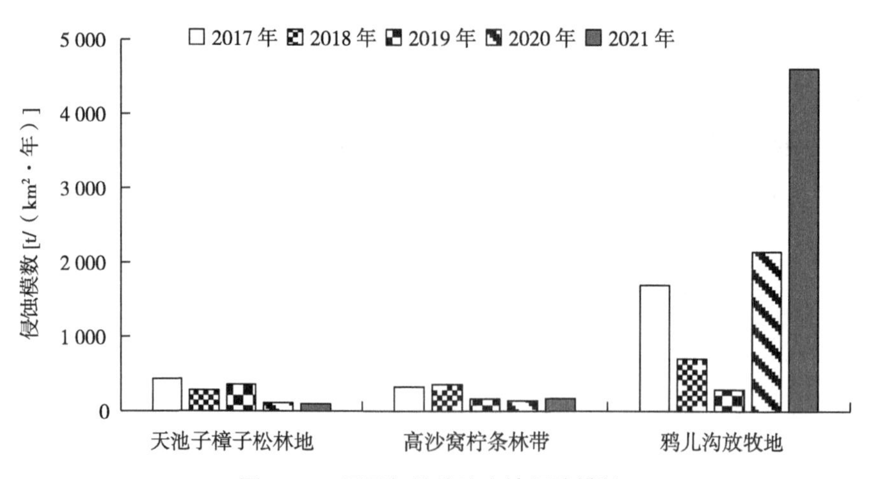

图 3-42　不同年份盐池土壤侵蚀模数

表 3-3　不同年份盐池土地土壤侵蚀强度

类型	时间	风蚀量（g）	侵蚀模数［t/(km²・年)］	较对照倍数（倍）	侵蚀强度
天池子樟子松林地	2017 年	647.222	431.481	3.059	轻度
	2018 年	425.556	283.704	2.011	轻度
	2019 年	530.506	353.670	2.507	轻度
	2020 年	165.383	110.256	0.782	微度
	2021 年	143.928	95.952	0.680	微度
高沙窝柠条林地（退耕还林）	2017 年	483.239	322.159	2.284	轻度
	2018 年	533.944	355.963	2.523	轻度
	2019 年	246.478	164.319	1.165	微度
	2020 年	211.611	141.074	1.000	微度
	2021 年	254.474	169.649	1.203	微度
鸦儿沟放牧地（对照）	2017 年	2 540.472	1 693.648	12.005	轻度
	2018 年	1 052.500	701.667	4.974	轻度
	2019 年	437.467	291.644	2.067	轻度
	2020 年	3 218.167	2 145.444	15.208	轻度
	2021 年	6 909.833	4 606.556	32.653	中度

二、高沙窝柠条林地不同距离土壤侵蚀强度分析

由图 3-43 和表 3-4 可知，距柠条林地 1～10m 的土壤侵蚀模数在 236.613～325.877［t/(km²・年)］，除 9m、10m 距离为微度外，其他距离的

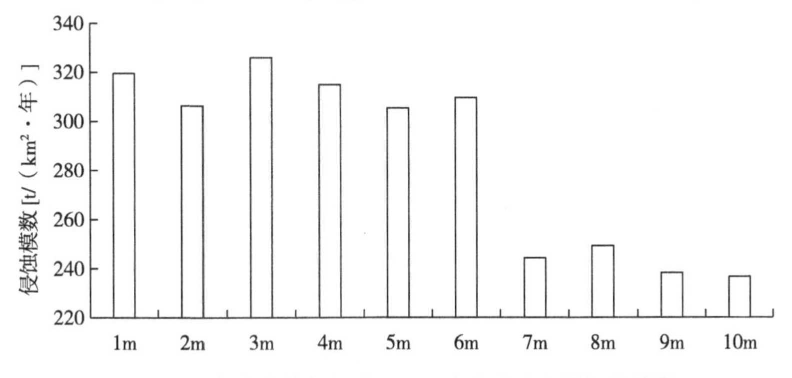

图 3-43　高沙窝柠条林地不同距离集沙池土壤侵蚀模数

土壤侵蚀强度均为轻度。以 4m 距离的侵蚀模数为对照，3m 距离是其 1.035 倍，但仍然为轻度侵蚀。

表 3-4　高沙窝柠条林地不同距离集沙池土壤侵蚀强度

距离	具体空间位置	侵蚀量（g）	侵蚀模数［t/(km²·年)］	较对照倍数（倍）	侵蚀强度
1m	柠条行内	95.844	319.480	1.015	轻度
2m		91.894	306.313	0.973	轻度
3m		97.763	325.877	1.035	轻度
4m		94.456	314.853	1.000	轻度
5m		91.565	305.217	0.969	轻度
6m		92.845	309.483	0.983	轻度
7m	柠条带内	73.260	244.200	0.776	轻度
8m		74.752	249.173	0.791	轻度
9m		71.501	238.337	0.757	微度
10m		70.984	236.613	0.752	微度

三、放牧草地不同封育围栏处理土壤侵蚀强度分析

为有效监测草对土壤风蚀的影响，自 2021 年起，在盐池县王乐井乡鸦儿沟补充建立定位监测点 1 个，分别设距离放牧草地 0m、5m、10m 进行围栏，在每个试验处理内利用 1.8mm 钢板安装长、宽、深分别为 300cm、50cm、50cm 土壤侵蚀槽各 3 个，在当年年初安装后，分别在 3 月、4 月、5 月、6 月、9 月定期收集槽内集沙量，监测分析不同处理风蚀情况。

距鸦儿沟旱作农田不同距离的土壤侵蚀模数如图 3-44 所示，随距离的增加，土壤侵蚀模数呈下降趋势，即距放牧草地越远，土壤侵蚀越小。0m 距离（集沙池安装在放牧地内）的土壤侵蚀模数为 4 883.733 t/(km²·年)。以 10m 的侵蚀模数为对照，0m、5m 分别是 10m 的 2.466 倍、2.293 倍（表 3-5）。0m、5m 均为强度侵蚀，而 10m 为中度，说明距放牧草地越远，越不易发生风

蚀现象。在干旱风沙区，封育围栏、划区轮牧、林地中耕抚育、带状整地、补播改良、划破草皮等均可有效借鉴这项技术，生产中推荐应用10m处理。由此可见，采取封育措施，有效提高天然草原植被是干旱风沙区有效防治土壤风蚀最经济、实用的技术措施。

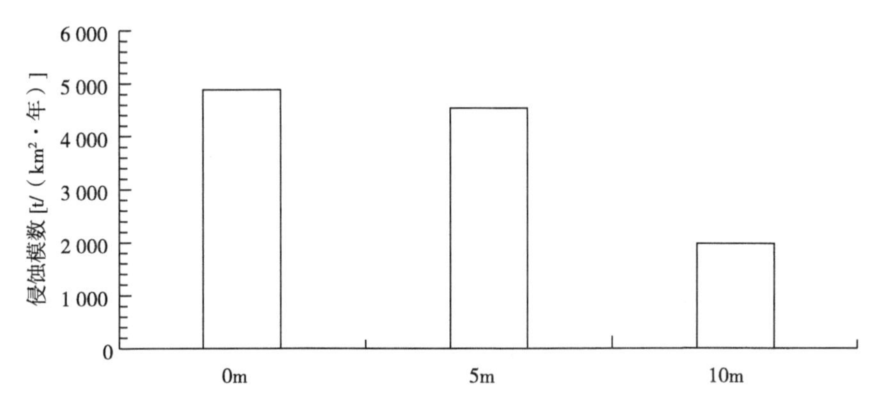

图3-44　鸦儿沟放牧草地不同距离集沙池土壤侵蚀模数

表3-5　鸦儿沟放牧草地不同距离集沙池土壤侵蚀强度

距离	侵蚀量（g）	侵蚀模数［t/（km^2·年）］	较对照倍数（倍）	侵蚀强度
0m	7 325.600	4 883.733	2.466	强度
5m	6 811.600	4 541.067	2.293	强度
10m	2 970.200	1 980.133	1.000	中度

四、干旱风沙区盐池县典型退耕还林地防风固沙效益监测与分析

通过侵蚀模数计算了不同立地类型的固土量及风蚀量，同时计算了固肥量。如图3-45和表3-6所示，天池子樟子松林地和高沙窝柠条林地均具有固土作用，固土量分别为135.705 t/（hm^2·年）、135.720 t/（hm^2·年），两者差异不明显。而鸦儿沟放牧地和旱作农田的风蚀量差异明显，分别为37.560 t/（hm^2·年）、46.185 t/（hm^2·年）。通过计算固肥量发现，天池子樟子松林地

和高沙窝柠条林地的固肥作用较强，尤其固定全钾量，分别为 2 293. 415 kg/(hm^2·年)、2 293. 668 kg/(hm^2·年)，速效钾也较其他速效态营养物有显著改变，分别为 54. 011 kg/(hm^2·年) 和 64. 467 kg/(hm^2·年)。而鸦儿沟放牧地和旱作农田的氮磷钾损失量较明显，尤其旱作农田，全钾损失量为 803. 619 kg/(hm^2·年)，速效钾损失量为 17. 920 kg/(hm^2·年)。全氮、全磷、速效氮的损失量也较放牧地明显。天池子樟子松林地和高沙窝退耕还林柠条林地的有机质含量增加明显，分别为 3 392. 625 kg/(hm^2·年) 和 2 755. 116 kg/(hm^2·年)，而鸦儿沟放牧地和旱作农田的有机质损失量较明显，尤其旱作农田，有机质损失量为 383. 336 kg/(hm^2·年)。

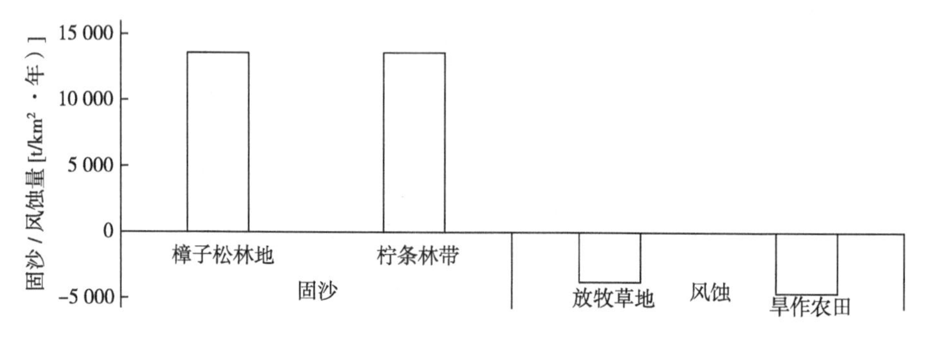

图 3-45　不同立地类型固沙（风蚀）量的变化

土壤养分固定量价值的估算采用的是市场价值法，即将土壤固定的主要营养物质量换算为化肥的实物量，再根据化肥的平均市场价格计算得出实际土壤养分固定量价值。通过查阅相关文献，磷酸二铵平均市场价格为 2 600 元/t，氯化钾平均市场价格为 1 825 元/t，磷酸二铵和氯化钾的氮（N）、磷（P）、钾（K）比例分别为：14%、15%、50%。根据计算通式：

$$U=Z\times\left(NY_1/S_1+PY_1/S_2+KY_2/S_3+MY_3\right)$$

式中，U 为氮、磷、钾养分固定或流失的价值（元）；Z 为各地区年度固定和侵蚀的土壤总量（t）；N 为土壤平均含氮量（%）；P 为土壤平均含磷量（%）；K 为土壤平均含钾量（%）；M 为土壤有机质平均质量分数（%）；S_1 为磷酸氢氨含氮量（%）；S_2 为磷酸氢氨含磷量（%）；S_3 为氯化钾含钾量（%）；Y_1 为磷酸氢氨平均价格（元/t）；Y_2 为氯化钾平均价格（元/t）；Y_3 为有机质平均价格（元/t）。

表 3-6　不同立地类型土壤养分固定/风蚀量

类型	pH 值	电导率（mS/cm）	固土量［kg/（hm² · 年）］	固定全氮量［kg/（hm² · 年）］	固定全磷量［kg/（hm² · 年）］	固定全钾量［kg/（hm² · 年）］	固定有机质［kg/（hm² · 年）］	速效氮［kg/（hm² · 年）］	速效磷［kg/（hm² · 年）］	速效钾［kg/（hm² · 年）］	全盐［kg/（hm² · 年）］
天池子樟子松地	7.42	0.728	135.705	157.418	65.138	2 293.415	3 392.625	23.613	3.515	54.011	0.312
高沙窝柠条林地（退耕还林）	8.58	1.070	135.720	157.435	70.574	2 293.668	2 755.116	29.044	3.474	64.467	0.437
鸦儿沟放牧草地	8.32	0.091	-37.560	-9.014	-10.517	-642.276	-106.670	-1.390	-0.965	-8.338	-0.014
旱作农田	8.34	0.214	-46.185	-25.864	-19.398	-803.619	-383.336	-4.157	-1.122	-17.920	-0.037

结果如表3-7所示，其中天池子樟子松林地每年每公顷固土价值为12.099万元，柠条林地为10.068万元，鸦儿沟放牧地和旱作农田每年每公顷土壤养分流失量价值分别为0.611万元和1.602万元。

表3-7　不同立地类型土壤养分固定量价值

类型	固土量［t/（hm²·年）］	N（%）	P（%）	K（%）	M（%）	固土价值（万元/年）
天池子樟子松林地	135.705	0.116	0.048	1.69	2.500	12.099
高沙窝柠条林地（退耕还林）	135.720	0.116	0.052	1.69	2.030	10.068
鸦儿沟放牧地	-37.560	0.024	0.028	1.71	0.284	-0.611
旱作农田	-46.185	0.056	0.042	1.74	0.830	-1.602

第五节　主要结论与讨论

一是2016—2021年通过集沙仪分析了盐池不同立地类型的风蚀量，可对一年中风蚀较为严重的时期进行判断，从而为防止因地表风蚀带来的沙尘暴等灾害进行提前预防和治理提供依据。结果发现，天池子半固定沙丘的集沙量最高，分别是柠条林地、樟子松林地及鸦儿沟放牧地的6.98~31.80倍、6.61~27.26倍、1.84~13.39倍，其中2021年的集沙量最多，较其他年份增加了11.64%~174.60%；3—12月中3月的风蚀量最大，达14.89g，是其他时间的1.41~2.88倍。其次是鸦儿沟放牧地，尤其2020年和2021年3—5月差异明显，是其他月份的1.31~406倍。而天池子樟子松林地和高沙窝退耕还林柠条林地的集沙量差异不明显。原因可能是沙丘的风沙活动较强，且植被覆盖较少，因此风蚀量最大，而鸦儿沟放牧地（对照）导致了植被退化，加上牲畜的扰动，所以风蚀量较高。天池子樟子松林地和高沙窝柠条林地（退耕还林）由于有大量植被覆盖，植物冠幅不仅减弱了风力，而且植被根系也有固沙作用，可明显减少风沙的活动，使得该地土壤风蚀量较小。盐池1—12月的风蚀监测中，1—3月的集沙量整体最高，是其他时间的1.41~5.53倍。就不同高度集沙仪来说，2016—2021 年，土壤风蚀量均随集沙仪高度的增加而降低，尤其天池子半固定沙丘的变化明显，3—5 月 10cm 高度的集沙量最大，是其他高度集沙量的 41.81~90.58 倍。这可能是大部分沙土颗粒都是以蠕移的方式活动，所以越贴近地面处集沙量越多。高沙窝柠条林地、天池子樟子松林地、鸦儿沟放牧地 10cm 高度的集沙量分别是 50cm、100cm、150cm、200cm 的 1.08~4.70 倍、1.25~6.44 倍、1.31~7.48 倍、1.34~9.86 倍。

二是采用集沙池监测风蚀量发现，鸦儿沟放牧地的集沙量明显最多，尤其 2021 年，分别是天池子樟子松林地和高沙窝柠条林地的 27.15 倍、48.01 倍。集沙池监测风蚀期间，由于 6—9 月降水量的影响，收集到的沙粒实际上是风蚀与降水时雨滴溅起的沙粒，而实际监测发现由于降水溅入的沙量明显高于风蚀量，因此实际风蚀量最大产生在 3—4 月，鸦儿沟地区以 4 月最高，是其他时间的 1.96~4.40 倍，而天池子樟子松林地和高沙窝柠条林地（退耕还林）以 3 月最高，但与 4 月的差异不明显。距柠条林地不同距离的集沙池，其集沙量不同，距柠条林地 3~6m 的集沙池，集沙量整体较高，而靠近柠条林地的集沙池，集沙量较少，可能是柠条冠幅及根系的防风固沙作用，使得植株周围的风蚀量少。而 9~10m 时又靠近柠条林地，其集沙量又下降，分别较其他距离的集沙量下降了 2.12%~26.88%、3.13%~27.63%。

三是通过计算土壤侵蚀模数发现，高沙窝柠条林地（退耕还林）土壤侵蚀强度为微度，天池子樟子松林地和鸦儿沟放牧地为轻度，而鸦儿沟旱作农田为强度。以高沙窝柠条林地（退耕还林）为对照，鸦儿沟旱作农田的侵蚀模数是其 30.019 倍。天池子樟子松林地 2017 年风蚀量最强，高沙窝退耕还林柠条林地 2018 年最强，而鸦儿沟放牧地 2020—2021 年侵蚀量最大，2020 年、2021 年鸦儿沟放牧地的侵蚀模数是柠条林地的 15.208 倍、36.653 倍。由于 2018 年、2019 年受围栏池旁边草的影响，使得这两年风蚀明显减小，而 2017 年、2020 年和 2021 年 3 年的平均风蚀量较明显，以高沙窝柠条林地（退耕还林）为对照，天池子樟子松林地、鸦儿沟放牧地及旱作农田的侵蚀模数分别是对照的 1.008 倍、13.345 倍、49.228 倍。高沙窝退耕还林柠条林地除 9m、10m 距离外，其他距离集沙池侵蚀强度均为轻度，而 9m、10m 为微度。以距柠条 4m 为对照，3m 时的侵蚀模数是其 1.035 倍，10m 时为 0.752 倍。2021 年鸦儿沟放牧草地的侵蚀模数最大，侵蚀强度也最强，其中距放牧草地 0m、

5m 的土壤侵蚀强度均为强度，而 10m 处为中度；以 10m 处土壤为对照，0m 和 5m 分别是其土壤侵蚀模数的 2.466 倍、2.293 倍，生产应用中采取封育围栏、划区轮牧、带状整地、中耕抚育等耕作挠动建议保留 10m 带距。

四是通过计算盐池不同立地类型固定表层土壤养分量发现，高沙窝柠条林地（退耕还林）和天池子樟子松林地对土壤养分流失的作用无明显差异，其中固氮量、固磷量、固钾量的差异不明显，固有机质量天池子樟子松林地较柠条的固有机质量提高了 23.14%；鸦儿沟放牧地和旱作农田地作为沙尘来源地，其土壤风蚀量分别为 37.560 kg/(hm^2 · 年)、46.185 kg/(hm^2 · 年)，土壤养分损失量的差异也明显，其中旱作农田的有机质量是放牧草地的 3.59 倍，旱作农田的全氮、全磷、全钾损失量也高于放牧地，分别是放牧地的 2.87 倍、1.84 倍、1.25 倍。

第四章　宁夏干旱风沙区退耕还林地合理造林密度研究

土壤健康是生态稳定的主要因素，而土壤健康主要体现在土壤水、土壤结构、土壤成分等方面。土壤水作为土壤重要的组成部分，是土壤肥力最活跃的因素之一，是土壤健康的基础，土壤水在土壤中的保持，主要是土粒和水界面上的吸附力，以及在土壤孔隙内土壤固体表面、水和空气界面上的毛管力。土壤水是植物吸水的最主要来源，通过植物根系将土壤水运输到植株体满足植株的正常生长，也是自然界水循环的一个重要环节。土壤水分的缺失会导致生态平衡失调，植株供水不够而大面积死亡，从而影响土壤成分的变化。而宁夏干旱地区土壤水分的重要性最为显著，长期的干旱和土壤结构的单一性使得该地区土壤水分变化波动较大，随着近 20 年来的植树造林，环境生态有所改变。但在干旱地区植物的水分消耗明显高于其余地区，受日照和蒸腾作用的影响，土壤水分流失较为严重。因为随着宁夏地区造林地的成林，不同成林地中土壤水分的变化成为主要关注目标，不同立地类型的土壤水分是否可维持该成林地的生态平衡成为我们探究的课题。

本章以宁夏不同地区的不同植被林地为研究对象，以 TDR（Time Domain Reflectometry）时域反射技术原理监测不同立地类型土壤含水量，探究不同植被类型的土壤水分健康情况。试验中，以宁夏干旱地区常见立地类型半流动沙丘、放牧草地和封育草地为对照，以土壤含水量为主要参数，分别监测了自然林地、新造林地和园林绿化林地的土壤水分在不同季节及不同土层深度的变化，探究宁夏地区常见灌木树种和乔木树种的土壤水分健康情况，从不同树种、不同种植密度、不同种植模式分析不同立地类型的土壤水分健康情况。通过对 2016—2020 年 5 年监测调查的数据，统计不同林地间土壤含水量变化情况，分析不同林地全年平均含水量，并通过聚类分析不同生长密度和不同生长类型的灌木林地和乔木林地与对照林地（半流动沙丘、放牧草地、封育草地）的土壤水分差异，以此对不同林地的土壤水分进行健康评价，探究不同密度的林地对生态修复、防风固沙的作用和生态学意义。

第一节 宁夏中部干旱带主要灌木林地土壤水分健康评价

近年来，宁夏中部干旱带大量种植抗旱灌木，用于防风固沙和土壤修复，灌木分布面积占据干旱区大部分面积，具有较大的生态意义，其中以柠条、沙蒿、杨柴、沙柳 4 种灌木最为常见。本章选择宁夏地区已成林的柠条、杨柴、花棒、沙柳和沙蒿为研究对象，其中包括生长密度为 0.08 株/m^2、0.12 株/m^2、0.16 株/m^2、0.56 株/m^2、0.76 株/m^2的柠条林地；生长密度为 1.4 株/m^2和 4.69 株/m^2杨柴林地；生长密度为 0.2 株/m^2、0.28 株/m^2、2.12 株/m^2花棒林地；生长密度为 0.4 株/m^2和 1.48 株/m^2的沙柳林地；生长密度为 1.04 株/m^2和 5.68 株/m^2的沙蒿林地。通过收集 2016—2020 年不同灌木林地在 0~200cm 的土壤含水量，来统计分析各林地类型的全年土壤水分变化。以宁夏地区的半流动沙丘、放牧草地和封育草地作为对照，通过聚类分析，分析不同种植密度，不同灌木类型的土壤水分健康情况。

一、灌木纯林地土壤水分健康评价

宁夏地区灌木种植多以行带种植为主，株距多以 1m 较多，但行距存在差异。通过对不同密度的灌木进行 5 年（2016—2020 年）的全年平均含水量统计，如图 4-1 的热图显示，半流动沙丘、放牧草地和封育草地作为对照，3 种干旱地区常见基本立地类型的土壤全年含水量无明显差异，根据图中数据表明，生长密度为 0.12 株/m^2和 0.16 株/m^2的柠条林地土壤水分与对照基本无差异，土壤含水量较高，0.08 株/m^2柠条林地土壤水分明显较高；生长密度为 1.04 株/m^2的沙蒿林地土壤含水量明显高于对照林地和其余灌木林地，具有明显的蓄水现象。而密度较大的沙蒿林地（5.68 株/m^2）土壤水分较少，随着时间的延长，土壤水分明显降低，尤其以 2019—2020 年最为明显；生长密度为 0.76 株/m^{2}的柠条林地、1.47 株/m^{2}的沙柳林地、0.28 株/m^{2}的花棒林地、1.40 株/m^{2}的杨柴林地 5 年来的土壤含水量稍低于对照林地，存在少量缺水现象，土壤水分健康受到影响；而 2.12 株/m^{2}的花棒林地、4.72 株/m^{2}的杨柴林地、0.2 株/m^{2}的花棒林地、0.56 株/m^{2}和 0.4 株/m^{2}的柠条林地，土壤含水量则明显低于其余密度的灌木林地，蓄水能力明显低于对照林地，土壤水分缺失，不利于干旱地区的水源涵养。

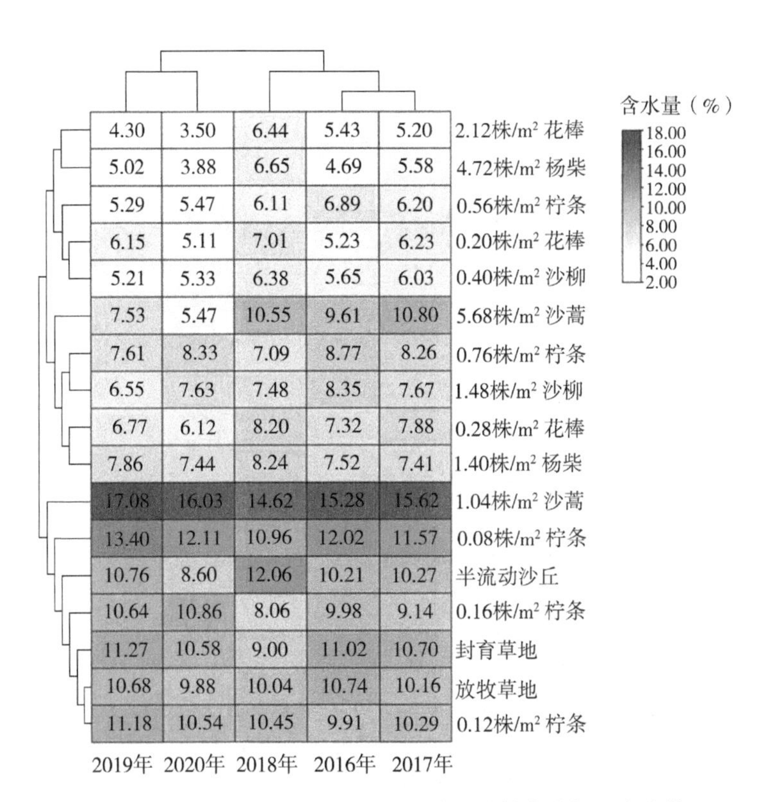

图 4-1　宁夏干旱区不同灌木林地林带间土壤水分健康分析（左忠等，2022）

本章同时对灌木的株距间进行了土壤水分健康评价，如图 4-2 所示，不同密度、不同灌木的土壤水分变化情况与行距间的基本一致，综合灌木林地行距间的土壤健康分析表明，柠条和沙蒿作为耐旱植被，在宁夏地区可有效地防风固沙，且保持土壤水分，具有较好的蓄水能力，而沙柳和花棒的水分消耗量明显大于柠条和沙蒿；柠条和沙蒿虽然蓄水能力较强，但与生长密度具有较大关联，其中柠条以 0. 08 株/m²、0. 12 株/m²、0. 16 株/m²生长密度最为适宜，而沙蒿以 1. 04 株/m²的密度生长最为适宜，且土壤蓄水量明显高于其余灌木。结合第五章对不同密度的种植模式描述，柠条以株距 1m、一行带状、行间距 4m 种植；株距 1m、一行带状、行间距 6m 种植；株距 1m、两行带状、行距 8m 种植；三种模式种植均可有效保持水土平衡，但以株距 1m、一行带状、行间距 4m 种植的柠条成林地最佳。沙蒿多以散播为主，根据生物多样性调查和土壤水分含量分析，沙蒿以 1. 04 株/m²的密度生长最佳，可有效减少土壤水分丢失，且蓄水功能明显强于对照林地。

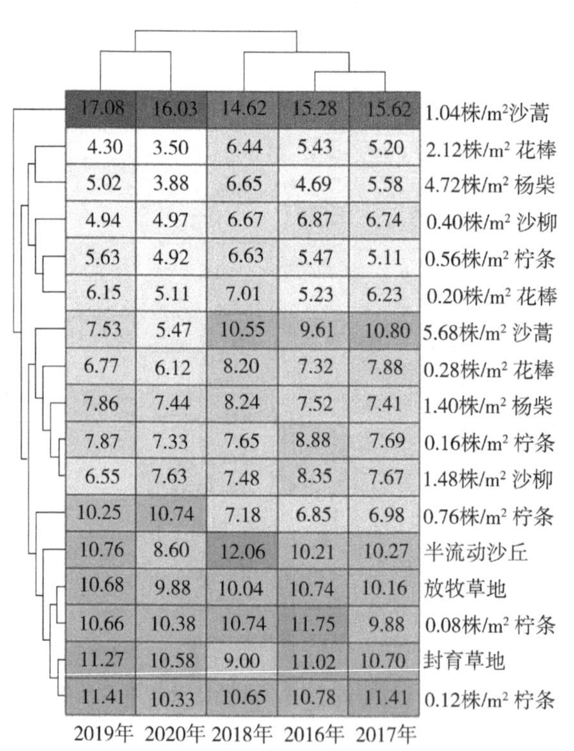

图 4-2 宁夏干旱区不同灌木林地植株间土壤水分健康分析（左忠等，2022）

二、灌木混交林地土壤水分健康评价

实验调查中发现，宁夏中部干旱带存在不同密度的灌木混交林，其中主要以沙蒿、柠条、杨柴、花棒、沙打旺、沙木蓼、沙柳等为主，适合干旱地区生长的不同植被混合种植成林，形成了具有多样性的生态防风固沙林，本次实验选择了高密度混交林、中密度混交林和低密度混交林作为研究对象，探究2016—2020年不同密度混交林的土壤水分健康情况，其中高密度混交林主要以沙打旺为主，中密度混交林主要以柠条为主，低密度混交林主要以杨柴为主，试验以半流动沙丘、放牧草地和封育草地为对照，通过热图分析并聚类，探究不同密度混交林土壤含水量变化，判断不同密度混交林的土壤水分健康状态。试验结果如图4-3所示，通过5年的数据检测表明，以沙蒿为主的低

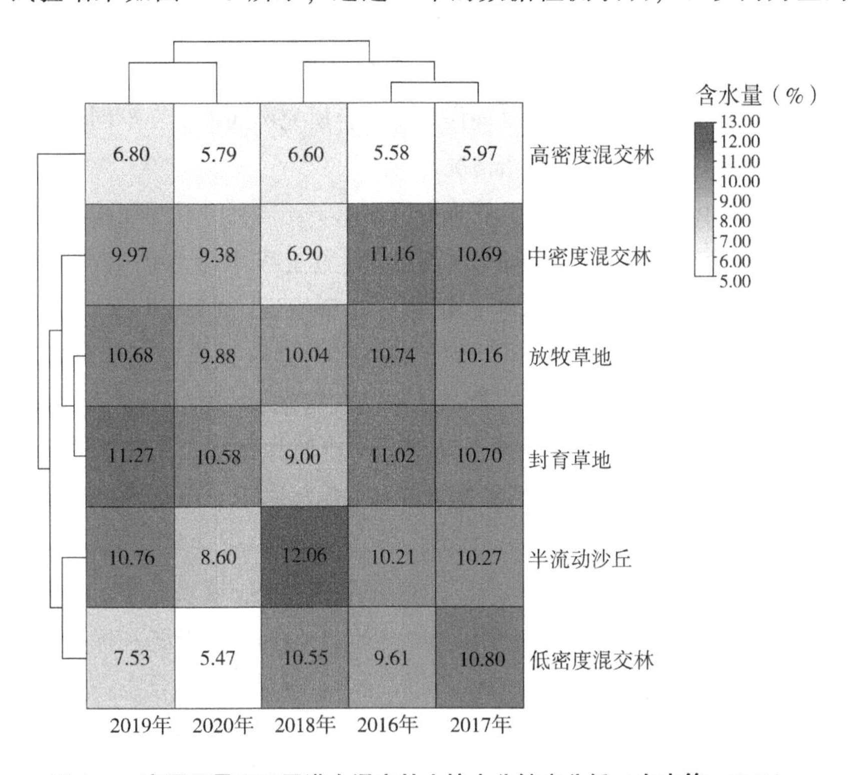

图4-3　宁夏干旱区不同灌木混交林土壤水分健康分析（左忠等，2022）

密度灌木混交林土壤水分健康与半流动沙丘一致，以柠条为主的中密度灌木混交林土壤水分健康与放牧草地和封育草地基本一致，而以沙打旺为主的高密度灌木混交林土壤水分明显低于对照林地，由此说明，以沙蒿为主的低密度灌木混交林和以柠条为主的中密度灌木混交林土壤水分健康状态与对照林地基本一致，而以沙打旺为主的灌木混交林土壤水分健康状态与对照组相比相对较差，土壤水分流失严重，水分健康明显受到影响，因此在后续混交林的种植中，建议以沙蒿和柠条作为主要灌木树种。

第二节　宁夏中部干旱带主要乔木林地土壤水分健康评价

随着近年来造林工作的开展，乔木在宁夏干旱区的防风固沙和土壤改善中发挥重大作用，其中耐旱植物樟子松、榆树、小叶杨、新疆杨等作为先锋树种，在宁夏地区大面积种植且已成林，其中尤其以樟子松最多。本次试验则以半流动沙丘、放牧草地和封育草地作为对照，研究不同密度、不同乔木树种的植株间和行带间的土壤水分健康情况。

乔木在造林中行距和株距，数据分析显示，不同乔木林地在株距和行距间的土壤含水量存在差异，本部分以行距间的土壤水分为研究对象，探究2016—2020 年不同乔木行距间土壤水分健康情况。如图 4 - 4 所示，0. 05 株/m^2的榆树林地和 0. 12 株/m^2的樟子松人工林地土壤水分健康状态虽然在2018—2020 年稍低于对照林地，但从 5 年的数据显示，0. 05 株/m^2的榆树林地和 0. 12 株/m^2的樟子松人工林地土壤水分与对照林地相比无显著变化；0. 04 株/m^2的和 0. 08 株/m^2的小叶杨林地土壤水分明显高于对照林地，土壤水分健康状态良好；而 0. 02 株/m^2、0. 04 株/m^2、0. 08 株/m^2的樟子松人工林地和 0. 08 株/m^2的榆树林地以及 0. 08 株/m^2的新疆杨林地土壤水分健康状态明显低于对照林地。因此从乔木林地行距间的土壤水分分析；小叶杨和樟子松可作为优势树种用于宁夏地区的防风造林，且成林后土壤水分健康状态较好，但小叶杨需以 0. 04 株/m^2的密度种植成林，樟子松需以 0. 12 株/m^2的种植密度成林；榆树成林地的土壤水分健康次之，但以 0. 05 株/m^2的密度种植成林与对照林地无较大差异，而新疆杨成林地耗水较大，土壤水分明显缺失。上述行距间的土壤水分健康趋势在不同乔木植株间的变化趋势更为显著。

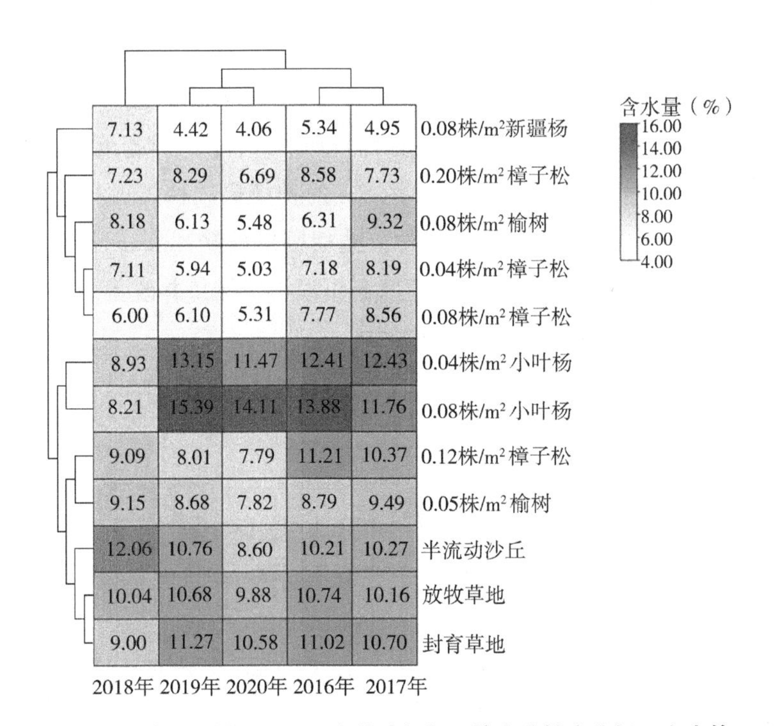

图 4-4　宁夏干旱区不同乔木林地行间土壤水分健康分析（左忠等，2022）

由于土壤水分与造林林龄密切相关，研究地涉及的 0.05 株/m²、0.08 株/m²的榆树林地和 0.04 株/m²、0.08 株/m²的小叶杨均为 20 世纪 70—80 年代造林后成林的老林地，林带多年来经历的干旱胁迫形成的自我淘汰更新密度基本定型，土壤水分基本趋于稳定，因此监测数据更具有代表性。相比而言，樟子松为当地新引进造林树种，0.04 株/m²、0.08 株/m²樟子松均为 2007 年造林地，0.08 株/m²的新疆杨和 0.12 株/m²、0.20 株/m²的樟子松分别为 2004—2013 年、2015 年造林，从 2016 年监测开始至 2020 年监测结束，林龄仅 12~16 年、9~13 年、3~7 年、1~6 年，因此土壤水分消耗还远未达到稳定和平衡。但从 5 年的数据显示，0.05 株/m²的榆树林地和 0.12 株/m²的樟子松人工林地土壤水分与对照林地相比无显著变化；0.04 株/m²的和 0.08 株/m²的小叶杨林地土壤水分明显高于对照林地，土壤水分健康状态良好；而 0.02

株/m²、0.04 株/m²、0.08 株/m²的樟子松人工林地和 0.08 株/m²的榆树林地以及 0.08 株/m²的新疆杨林地土壤水分健康状态明显低于对照林地。

综上所述，樟子松、小叶杨和榆树均可以作为干旱地区常见乔木树种，小叶杨成林后的土壤水分健康状态最好，且以 0.04 株/m²的密度种植成林，樟子松需以 0.08 株/m²的种植密度成林，榆树需以 0.05 株/m²的密度种植成林。因此，小叶杨在种植时应以株距 5m、行距 5m 的种植模式种植成林，樟子松在种植时应以株距 3m、行距 5m 种植成林，榆树则以株距 4m、行距 5m 的种植模式成林，效果最佳，且土壤水分健康状态可以得以维持并改善。试验结论仅为阶段性结果，具体数据正在进一步监测中。

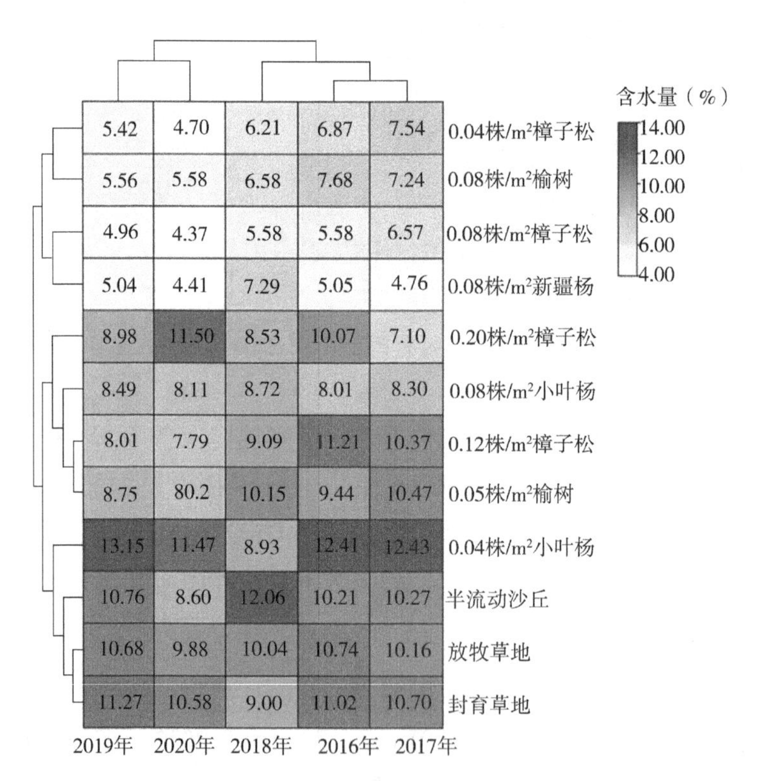

图 4-5 宁夏干旱区不同灌木林地植株间土壤水分健康分析（左忠等，2022）

第三节　主要结论与讨论

作为对照林地的半流动沙丘、放牧草地和封育草地 3 种类型的土壤水分在 5 年的监测中证实不存在显著性差异，可探究宁夏地区不同植被的水分健康情况。但根据 5 年的监测结果表明，3 种林地虽无显著性差异，但土壤含水量呈现出半流动沙丘<放牧草地<封育草地，且半流动沙丘与放牧草地土壤含水量相差较小。由此说明，宁夏干旱风沙区放牧等人为因素的破坏会导致该地区生物多样性减少，土壤含水量减少，与半流动沙丘相差无异，而封育草地在自然条件下会达到新的生态平衡，保持土壤水分的同时丰富该地区的物种多样性且改善土壤，对于干旱区自然植被的生态恢复应以禁牧为主。

通过对柠条、杨柴、花棒、沙柳、沙蒿 5 种灌木树种成林地进行土壤水分健康评价证明，5 种生长密度的柠条，以 0.08 株/m^2生长的柠条林地土壤含水量最高，0.12 株/m^2次之，随着柠条生长密度增加，土壤含水量减少；尤其以柠条退耕还林地（0.56 株/m^2）最为明显，随着生物多样性增加，地表植被覆盖面积增大，蒸腾作用较大，土壤含水减少。杨柴的生长密度为 1.4 株/m^2有利于杨柴对干旱风沙区的生态修复和水土改良；花棒的生长密度为 0.28 株/m^2有利于风沙区的土壤保持水分；生长密度为 1.48 株/m^2的沙柳林土壤含水量较高；而 1.04 株/m^2可作为宁夏地区的沙蒿林地最佳生长密度，可有效保持土壤水分。

在不同乔木成林地的检测中证实，樟子松、榆树、新疆杨和小叶杨 4 种典型的耐旱乔木树种中，从土壤水分分析樟子松具有耗水少的特点，在一定程度上可保证土壤水分稳定且防风固沙。榆树和小叶杨林地均有一定的蓄水功能，可在一定程度上减少水土流失，尤其以小叶杨最为明显。而新疆杨林地耗水严重。这一结论在新造林的林地中也得以证实，新造林以樟子松和榆树为主有利于荒漠化地区的土壤水分动态平衡。

综上所述，宁夏干旱风沙区自然地貌在封育情况下可有效维持土壤水分平衡；灌木林地应以柠条和沙蒿作为主要造林树种，这一结论在成林的灌木林地和混交林中均得以证实，较低密度的柠条，以及人工种植或天然封育的沙蒿林耗水量较少，在减少水分流失的基础上有效地防风固沙并改善生态，结合种植模式的论述，柠条以株距 1m、一行带状行间距 4m 种植的柠条成林地最佳，成林密度为 0.08 株/m^2。沙蒿应以 1.04 株/m^2 的密度生长最佳，可有效减少土壤旱化。乔木树种则根据已成林的乔木林地和新造林地证实，以樟子松、榆树和小叶杨为主。株行距分别以 3m×5m、4m×5m、5m×5m 的种植模式效果较好。试验结论仅为阶段性结果，具体结论尚需进一步深入验证。

第五章　宁夏干旱风沙区不同植被类型固碳能力研究与评价

第一节　森林固碳的研究方法及研究现状

固碳能力是指植被通过光合作用吸收大气中的 CO_2，并将其固定在植被或土壤中的能力（马正锐，2013），植被生长的土壤中含有大量有机质，尤其是在原生和次生演替序列的过程中，能够积累大量的枯枝落叶而形成腐殖质层，不仅增加了土壤的有机质，而且还加厚了土壤层，并成为土壤的一部分。除此之外，土壤具有储碳功能，在植被生长的土壤中含有大量有机质，植被一旦受到破坏，首先影响到土壤，使得大量的土壤有机质氧化并排放大量 CO_2，这一部分的数量并不比植被生物量吸碳量少，所以土壤中储碳量的变化对全球碳循环有着同样重要的作用，因此在研究植被类型固碳能力时应考虑土壤的固碳能力。本研究我们在计算固碳效益的物质量时考虑了植被本身以及土壤两方面的因素。

全球碳循环是碳元素在地球各个碳库之间的不断交换、循环周转过程，它是地球化学循环中极为重要的组成部分（殷鸣放等，2010）。陆地生态系统中，森林是碳循环的主体，森林面积占全球陆地面积的 27.6%，森林植被的碳贮量约占全球植被的 77%，森林土壤的碳贮量约占全球土壤碳储量的 39%。森林生态系统碳储量占陆地生态系统碳储量的 46.6%左右（李顺龙，2005）。赵敏等（2007）根据各省、市的针叶林和阔叶林蓄积量资料，估算出中国森林植被碳储量约 3 788.1 Tg。森林在陆地生态系统中具有巨大的碳储存能力，增加森林的碳汇量是世界公认的最经济有效地减缓 CO_2浓度上升的有效方法。森林碳循环是全球变化与陆地生态系统（GCTE）关系研究的重点内容之一（殷鸣放等，2010）。

第二节 植物固碳国内外研究进展

一、林地生态功能研究

植树造林对于调节气候具有十分重要的作用，在生态环境中，由于各大要素相互联系、相互作用，因此植树造林不但可以保持水土，同时可以让气候条件得到有效改善。以河北省塞罕坝机械林场为例，在建设的初始阶段，塞罕坝没有可供飞鸟栖息的树枝，属于风沙蔽日的茫茫荒原。不仅没有草木，而且黄沙四处弥漫，被风刮起的沙尘直接扑向距离 100 多千米的北京。各个时代的塞罕坝人都在为治沙不断努力，最终以植树造林的方式打造出了举世瞩目的绿色奇迹。构建之后的森林生态系统，每年可以产生上百亿元的生态服务价值，每年所释放出的氧气可供 200 万人呼吸 1 年。和构建的初始阶段相比，塞罕坝以及附近地区的气候均得到了进一步改善，无霜期从原本的 52d 增加到 64d，年均大风日数从最初的 83d 下降到 53d，年均降水量从还不到 410mm 已经上升至 460mm，成为夏季避暑的良好去处（石永宁，2018）。

在树木生长过程中，阳光、土壤水分是林木生长的必要条件，而造林的密度与林木的生长都有一定的关系，造林密度是指在一定的面积上加大林木种植的数量，但是对于林木的生长、发育、产量、质量等也有着不利的影响，并不是种植的密度越大，生长的速度就越快，而是要按照林木的生长规律进行种植，要因地制宜，种植密度不能过于密集也不能过于稀疏，根据林地的地域、土质、气候、水分等不同因素，造林的密度也不同，要从林地及造林的树种实际情况出发，这样才能促使林木生长，拓宽未来林地的发展空间，增加经济效益（凌镇等，2014）。生物量是包括在单位面积上全部植物、动物和微生物现存的有机质总量。由于微生物所占的比例极小，动物生物量也不足植物生物量的10%，所以通常以植物生物量为代表（景贵和等，1989）。冯宗伟等（1999）根据每个树种树木的胸径相对于地上部分的生长关系，通过模型计算出森林群落的生物量。通过比较连续的清查结果，包括树木新成分的补充率、生物量以及树木的死亡率，来估算净生物量的增加。植物生物量可以按照一个比例转换为碳量（Olson et al.，1983；Knigge et al.，1966）（45%～55%），即植物干物质中碳所占的比例，采用直接测定法测定枯立木和枯枝落叶层的碳储量，测定森林生态系统的生物量和生产力。

有关统计显示，与无林区域进行比较，每亩树林通常会多蓄水大约20t。因此，想要对沙漠地区进行有效控制，调节气候变化，那么效果最好的方式就是植树造林。在沙漠地区进行植树造林，不仅可以为人类提供大量的氧气，使空气得到净化，同时还能够美化环境，进一步保护生态环境，使气候得到有效改善。众所周知，人们每天都会吸入氧气，呼出二氧化碳，而树木则刚好与之相反，树叶经过阳光照射，不断进行光合作用，可以将吸入的二氧化碳转化为氧气释放出来。研究结果表明，林木生长每产生169g干物质需吸收（固定）264g二氧化碳，释放192g氧气（姜东涛，2005）。所以人类对森林的积极培育、合理管护、正确采伐、永续利用是发挥森林碳汇作用最大化的必经之路（吴国春等，2011）。相关统计显示，每亩的树林每天可以吸收的二氧化碳大概为67kg，释放出氧气大概为49kg，而这足够供应65个成年人呼吸。因为森林具备了遮阴避风、树木呼吸以及蒸腾作用等诸多特征，其中，绿色植物的蒸腾作用会带走植物高达95%的水分，以此增加附近环境的实际湿度，而如果是一片森林，则会产生大量的水汽进入大气形成云，进而使该地区的降水量得到有效增加，这对于该地区气候也能够起到较好的调节作用。并且，树木还可以黏附空气中的尘埃，可以让空气变得更加清洁与新鲜，从而使人们的身体健康可以得到更好保障。通过有关科学测试证明，每亩树林30d可以吸收的有毒气体二氧化硫大约为4kg，而一年可以吸收的尘埃为20～60t。另外，树木在实际呼吸的过程中，产生的大量特殊空气可以治疗某些疾病，有利于人们的身体健康。例如桦树与杨树等相关类型的树木会分泌出植物杂菌素，能够杀死白喉、肺结核以及痢疾等一系列病原菌（石永宁，2018）。

二、不同生态系统碳贮量研究

地表温度对温室气体排放具有接近实时的快速响应（按年计），长时间尺度的地表温度变化和累积温室气体排放有近线性的关系，即大约 550 Gt 的碳排放会对应 1℃的升温。自工业革命以来的温室气体排放累积导致了全球平均气温上升约 1.1℃。而未来的温度变化主要取决于未来的排放量，所以《巴黎协定》的 2℃控温目标实际上对应了未来的温室气体总排放量：粗略估计只有约 500 Gt 的排放空间（Rogelj et al.，2018）。科学界已经明确温室气体排放会导致气温上升（Ipcc，2007，2013；Pörtner et al.，2019），并以此作为未来减排目标的主要科学依据。目前，主要的全球性气候指标数据依然被欧美国家的政府机构或研究团体主导，我国的贡献甚少。同时，我国尚未建立关键气候变化核心指标的实时监测平台，这制约了我国施行快速、精准的气候变化政策，也制约了我国对碳达峰与碳中和目标的措施进行绩效评价（蔡兆男等，2021）。

1. 陆地生态系统

陆地生态系统是我国最重要的碳汇之一（Wang et al.，2020）。陆地生态系统中，森林是碳循环的主体，森林面积占全球陆地面积的 27.6%，森林植被的碳贮量约占全球植被的 77%，森林土壤的碳贮量约占全球土壤碳储量的 39%。森林生态系统碳储量占陆地生态系统碳储量的 46.6%左右（李顺龙，2005）。系列研究利用不同的模型和方法，估算了我国区域陆地碳汇强度。这些研究对于量化我国陆地碳汇的贡献发挥了重要的作用。例如 Wang 等（2020）发现 2010—2016 年我国陆地生态系统年均吸收了同时期人为碳排放的 45%，揭示了我国陆地生态圈的巨大碳汇作用。森林在陆地生态系统中具有巨大的碳储存能力，增加森林的碳汇量是世界公认的最经济有效地减缓 CO_2 浓度上升的有效方法。森林碳循环是全球变化与陆地生态系统（GCTE）关系研究的重点内容之一。全球碳循环是碳元素在地球各个碳库之间的不断交换、循环周转过程，它是地球化学循环中极为重要的组成部分（殷鸣放等，2010）。

土壤主要包括农用地（或广义的土地）和森林土壤，森林土壤是一种特殊的碳汇类型（Jelliott et al.，2012）。土壤碳库是陆地生态系统碳库的重要组成部分，其容量是植被与大气碳库的3~4倍（Ipcc et al.，2000），是仅次于海洋和地质库的碳储库。全球土壤有机碳库约1 500 pg，是大气（750pg）和陆地生物（550~570pg）碳库的2~3倍（Rosenzweig et al.，2009）。湿地吸碳能力是其他生态系统的10倍，能减缓和遏制全球气候变暖的进程（邓培雁等，2003）。

2. 森林生态系统

林业碳汇是指通过实施造林、再造林和森林管理，吸收大气中的CO_2，并将其固定在植被或土壤中，从而减少大气中CO_2的浓度的过程和活动（殷鸣放等，2010）。森林生物量约占全球陆地植被生物量的90%（Dixon et al.，1994），它是森林固碳能力的重要标志和评估森林碳收支的重要参数（Brown et al.，1999）。森林生物量的变化反映了森林的演替、人类活动、自然干扰（如林火、病虫害等）、气候变化和大气污染变化等影响，是度量森林结构和功能变化的重要指标（Brown et al.，1996）。最早应用生物量法时，是通过大规模的实地调查，将得到的森林实测数据，建立一套标准的测量参数和生物量数据库，用样地数据得到植被的平均碳密度，然后用每一种植被的碳密度与面积相乘，估算森林生态系统的碳储量（Chang et al.，1997；邱小芙等，2012）。据估计，森林汇聚着全球植被碳库86%以上以及土壤碳库73%的碳，当前许多科学家都支持森林生态系统的碳汇功能，并对全球森林碳汇功能展开了大量研究（Mahliy et al.，1998；Koled et al.，1993；Gracej et al.，1995；Tianh et al.，1998；周玉荣等，2000；肖英等，2010）。

21世纪前10年我国森林年碳汇总量平均约为173. 9Tg C/年（1 Tg = 1 012 g），其中生物量、死有机质和土壤有机碳（SOC）的年碳储量变化分别约150. 2Tg C/年、9. 0 Tg C/年和24. 7 Tg C/年。但是，不同研究之间的结果差异较大。生物量碳库的不确定性主要依据不同研究所采用的森林面积的不同，从1. 428亿hm^2（Fang et al.，2007）到1. 882亿hm^2（Tang et al.，2018）不等。康惠宁等（1996）采用蓄积量法对中国森林固碳的现状和潜力进行了估计和预测，结果表明，目前中国森林碳积累高于碳释放，年平均净碳汇量为0. 862 7×10^8t/年，在未来20年内中国森林净碳汇能力大约增加773×

10^8t/年（邱小芙等，2012）。赵敏等根据各省、市的针叶林和阔叶林蓄积量资料，估计出中国森林植被碳储量约 3 788.1 Tg（赵敏，2007）。一部分研究采用的森林面积数据来源于国家森林资源连续清查，另一部分研究采用了我国 1∶1 000 000植被图确定森林面积，而二者对于森林的定义存在显著区别。此外，多数研究只评估乔木林生物量碳储量变化，而较少涉及经济林、竹林、灌木林、稀疏林及森林之外的林木，也较少涉及死有机质和 SOC 碳库变化，难以全面衡量森林生态系统的碳汇功能。另外，SOC 储量变化估算结果的不确定性与所评估的土层厚度不一致有很大关系（Xie et al.，2007；Fang et al.，2018；蔡兆男等，2021）。在森林生态系统中，热带森林在固碳中发挥着重要作用。它占地球表面的 7%，但它拥有全球 50%的物种和 70%～80%的树种（Singh et al.，2009），储存有全球生物量碳的 40%左右，每年通过光合作用吸收的碳相当于人类通过化石燃料燃烧释放到空气中碳的 6 倍（Malhi et al.，2002），它的存在和消长对于维护全球碳平衡和减缓温室气体增温具有重大意义（李姝等，2015）。李意德等（1998）采用蓄积量法对云南南部热带森林的碳库总量进行了估算，结果表明，海南热带天然林（含原始林和天然更新林）的碳库总量为0.719 亿～0.734 亿 t，云南南部的热带天然林的碳库总量在 0.653 亿 t 以上。因此，目前我国热带林碳总量在 1.372 亿～1.387 亿 t。

研究表明，林木每生长 $1m^3$，平均约吸收 1.83t 二氧化碳，放出 1.63t 氧气，陆地生态系统与空气交换 CO_2的 90%发生于森林（Ipcc et al.，2000）。全球植物每年固定大气中 11%的二氧化碳，约为2 852亿 t 或770 亿 t 碳，其中森林年固定 4.6%的二氧化碳，约为1 196 亿 t 或 323 亿 t 的碳，而陆地上有机物中的碳为11 500亿 t，90%储存于森林中（贺庆棠，1993）。树木在生长的过程中会吸收二氧化碳，达到固碳的作用。但是假如森林遭到破坏，那么之前固定的碳就会释放，从而加剧了气候的变暖。据调查，目前全球排放的 6%～16%的温室气体是来自森林。因为乱砍滥伐而排放的温室气体占温室气体排放总量的 70%以上。因此，森林在发展低碳经济、减缓全球气候变暖作用的关键就是要增强森林的“碳汇”功能（贺庆棠，1993；高鹏飞等，2002）。宁夏贺兰山自然保护区主要森林树种各器官平均含碳率在 0.3636～0.5364 ，总体平均值为 0.4637。不同树种同一器官的平均含碳率基本的变化趋势表现为：树干木材>树枝>树叶>树皮>树根。不同树种不同器官的含碳率水平来看，油松叶的含碳率最高，为0.5364，灰榆皮的含碳率最低，为0.3636（季波等，2015）。

研究表明，在一定条件下林木单位面积蓄积量随着林分密度的增加而增加，当密度达到某一值时达到最大，其后随着密度的增加，单位面积上蓄积量逐渐减小；林分密度越大，林木直径的平均值越小，单株材积也就越小（闫洪梅，2014）。生物量法存在一些缺点，由于它一般倾向于选取生长较好的林分作为样地进行测定，因此以此推算的结果往往导致高估森林植物的固碳量（Brown et al.，1992；Fang et al.，1998；Wang et al.，1995）。另外，在森林生物量估算中，往往只注重地上部分，而地下部分的生物量常被忽略。并且，由于调查的困难，即使考虑地下部分，所估测的值也存在不确定性。另外，生物量清查方法一般会忽略土壤微生物对有机碳的分解，从而影响森林生态系统碳汇生产的测算（邱小芙等，2012）。法国Peyron等（2002）通过不同树种的立方材积乘以它们的换算因子，计算得出碳汇。从木材体积到碳吨数的换算因子为：$1m^3$ 木材等于0.28t碳（针叶树和杨树）；$1m^3$ 木材等于0.30t碳（除杨树外的阔叶树）。

3. 湿地生态系统

我国自然湿地的SOC储量达8~17pgC（碳汇强度），占全国陆地SOC总储量的1/10~1/8，约占全球陆地SOC总储量的3.8%（张旭辉等，2008；Xiao et al.，2019）。我国自然湿地甲烷（CH_4）年排放量估计为1.9~3.86 Tg C（Li et al.，2015；Xu et al.，2012；Wei et al.，2016）。自然状态下，湿地生态系统都表现为碳汇（German Advisory Council on Global Change，1998；Mitra et al.，2005；Mitsch et al.，2013）。但受人类活动影响，湿地被排干，其SOC分解速率加快，导致温室气体排放量增加，从而将湿地生态系统由碳汇转变为巨大碳源（Zhang et al.，2013）。而随着全球气候变暖及人口急剧增加，湿地面积却不断减小（陶信平，2004；王建华等，2001）。我国近半个世纪的湿地垦殖导致的碳损失量达每年173.2 Tg C（Xiao et al.，2019）；同时，CH_4排放量总共减少约10.3Tg（Li et al.，2015），湿地的固碳功能受到进一步减弱（李姝等，2015）。

4. 城市生态系统

城市生态系统是碳排放的重点区域。应加强城市碳监测平台建设。城市占陆地面积不到3%，却直接排放了全球约44%的 CO_2，间接影响了近80%的能源相关的 CO_2 排放，是估计人为碳排放的关键区域。在城市尺度上，CO_2 排放清单的统计数据和排放因子、时空分配方案等具有较大的不确定性，不同清单的差异可达70%~300%（Han et al.，2020）。

三、中国碳排放现状及未来发展形势

2019年，全球碳排放量为401亿t二氧化碳，其中86%源自化石燃料利用，14%由土地利用变化产生。这些排放量最终被陆地碳汇吸收31%，被海洋碳汇吸收23%，剩余的46%滞留于大气中（丁仲礼，2020）。根据《中华人民共和国气候变化第二次两年更新报告》，我国2014年的碳排放量约为11.2 Gt（1Gt=10^9 t）CO_2 当量，占同年全球排放量（根据《联合国气候变化报告2019》中的统计）的大约22.3%。中国未来的气候变暖趋势将进一步加剧。中国科学家的预测结果表明，2025年气温将升高2.3~3.3℃。全国温度升高的幅度由南向北递增，西北和东北地区温度上升明显。预测到2030年，西北地区气温可能上升1.9~2.3℃，西南可能上升1.6~2.0℃，青藏高原可能上升2.2~2.6℃。二是未来50年中国年平均降水量将呈增加趋势，预计到2050年，全国年平均降水量可增加5%~7%。其中东南沿海增幅最大。三是未来100年中国境内的极端天气与气候事件发生的频率可能性增大，将对经济社会发展和人们的生活产生很大影响。四是中国干旱区范围可能扩大，荒漠化可能性加重。五是中国沿海海平面仍将继续上升。六是青藏高原和天山冰川将加速退缩，一些小型冰川将消失（张颖等，2015）。全球变暖90%以上的热量都储存在海洋中。由于巨大的体量和比热容，海洋对温室气体的响应具有延时性（龙上敏等，2018）。即使碳中和目标可以达成，海洋变暖、海平面上升等依然会持续（Pörtner et al.，2019；Cheng et al.，2019），这对未来适应和减缓气候变化提出了更高的要求。海水增暖后，其固碳能力会下降。例如近几十年南大洋内部热含量的增长十分显著（Liu et al.，2018），这可能导致南大洋固碳能力减弱（龙上敏等，2018）。大西洋经圈翻转环流减弱也可能会削弱深对流过程的固碳能力（Wen et al.，2018）。

四、碳达峰目标及主要途径

碳达峰是指一定空间范围（如全球或某级行政辖区）内的碳排放年总量在某个时间段呈现为工业化以来的最高峰值。政府间气候变化专门委员会（IPCC）指出，碳中和是指净零碳排放，即规定时期内人为移除与人为排入大气的 CO_2 当量相互抵消（Matthews，2018）。它是人为排放量（化石燃料利用和土地利用）被人为作用（木材蓄积量、土壤有机碳、工程封存等）和自然过程（海洋吸收、侵蚀—沉积过程的碳埋藏、碱性土壤的固碳等）所吸收，即净零排放（丁仲礼，2020）。迄今为止，欧盟部分成员国率先承诺到 2050 年实现碳中和，我国也于 2020 年 9 月承诺：二氧化碳排放力争于 2030 年前达到峰值，努力争取 2060 年前实现碳中和。就我国而言，人均累计碳排放远远低于主要发达国家，也小于全球平均。这是雄心勃勃但又极其艰难的战略目标。碳中和需要建立“三端发力”的体系：第一端是能源供应端，尽可能用非碳能源替代化石能源发电、制氢，构建“新型电力系统或能源供应系统”；第二端是能源消费端，力争在居民生活、交通、工业、农业、建筑等绝大多数领域中，实现电力、氢能、地热、太阳能等非碳能源对化石能源消费的替代；第三端是人为固碳端，通过生态建设、土壤固碳、碳捕集封存等组合工程去除不得不排放的二氧化碳。“大转型”需要在能源结构、能源消费、人为固碳“三端发力”，所需资金将会是天文数字，绝不可能依靠政府财政补贴得以满足，必须坚持市场导向，鼓励竞争，稳步推进。政府的财政资金应主要投入在技术研发、产业示范上，力争使我国技术和产业的迭代进步快于他国。在此过程中，特别要防止能源价格明显上涨，影响居民生活和产品出口（丁仲礼，2020）。

第三节　宁夏干旱风沙区自然地貌固碳能力研究与评价

以宁夏干旱地区的放牧草地、封育草地、苜蓿地以及流动沙丘等天然形成的林地为研究对象，在不同的林地采集土壤样品以及植株样品送检，检测土壤样品和植株样品中的有机碳含量，应用公式计算出各林地单位面积的固碳量，以此判断不同林地的固碳经济效益。

一、土壤碳含量研究方法

参照郭宇华（2009）应用的评定方法结合实际测定的数值进行运算，应用公式如下。

1. 植被固碳能力评定方法

利用样方法（5m×5m）对试验样区进行取样调查不同的植被类型，统计物种数、物种个体数，采集植株样品将地上部分和地下部分分开进行称重，称重后的样品烘干后再称取植株干重并送检测定植株的根部以及地上部分的有机碳含量（%），根据不同植株的有机碳含量结合样方中的实际干重，可计算出样方中的植株固碳量，在换算出单位面积的有机碳含量即可判定植被的固碳能力。

$$Y_1=\sum_{i=1}^{N}\frac{[n\times G_1\times C_1+G_2\times C_2)\ ]}{V}\times 10^{-3} \tag{5-1}$$

式中，Y_1 为单位面积植被固碳量（kg/m^2）；N 为物种个数（种）；n 为各物种的植株数（株）；G_1 为地上植株干重（g）；G_2 为植株地下根部干重（g）；C_1 为地上植株有机碳含量百分比（%）；C_2 为植株地下根部有机碳含量百分比（%）；V 为样方面积（m^2）；10^{-3}为质量转换系数。

2. 土壤固碳量评定方法

林地生态系统的类型不同，植被种类不同，其储碳能力会不同。即使同种类型的林地在不同的气候、土壤肥力条件下和不同的生长周期内，其储碳能力也不同。本次试验由于林地土壤吸收 CO_2的实测数据只测定了一次缺乏试验的重复性，因此本研究利用土壤剖面有机碳密度计算公式确定林地土壤储碳的量。公式如下：

$$Y_2=\sum_{i=1}^{n}C_i\cdot B_i\cdot D_i\times 10^3 \tag{5-2}$$

式中，Y_2 为单位面积土壤固碳量（kg/m^2）；C_i 为土壤剖面第 i 层土壤的有机碳含量（%）；B_i 为土壤剖面第 i 层土壤的容重（g/cm^3）；D_i 为土壤剖面

第 i 层土壤层厚度（cm）；10^3为换算系数。

3. 固碳价值评价方法

现今主要应用碳税法、造林成本法和温室效应损失法来对林地的固碳经济价值进行评估。

碳税法：根据单位面积林地蓄积的固定的 CO_2及碳氧分配系数，求出纯碳量，再借用碳税的影子价格就可计算出林地的固碳价值。在西方一些国家使用碳税制度来限制温室气体的排放，如挪威税率（每吨碳 227 美元）、瑞典税率（每吨碳 150 美元）等，现今的环境经济学家往往使用瑞典的碳税率进行计算（Andersono，1990；Pearce，1990）。

造林成本法：由于植物能通过光合作用将大气中的 CO_2进行转化，形成可用于生命新陈代谢的有机物，所以植树造林是对于防止气候变暖具有良好的作用。因此可根据造林的费用来对林地固定 CO_2所产生的经济价值进行计算。造林成本法主要根据单位面积林地的固碳量以及单位林地的平均造林成本计算林地固定 CO_2价值。

温室效应损失法：温室效应法是通过对林地减少使 CO_2增加导致的各种损失来计算林地的固碳能力，但是运用该方法要判断该地区是温室受损区还是受益区，只有受损区才能运用该方法，所以在本次研究中主要利用造林成本法来计算，计算公式如下：

$$V=\frac{(Y_1+Y_2)\ C_1\times10^{-3}}{2} \tag{5-3}$$

式中，V 为林地固定 CO_2的价值（元）；Y_1 为林地植被固碳量（kg）；Y_2 为林地土壤固碳量（kg）；C_1 为林地固定 CO_2的造林成本（元/亩）；10^{-3}为质量换算系数。

试验选择在宁夏干旱风沙区盐池县内的高沙窝、佟记圈、大墩梁、大水坑、沙泉湾等试验区采用 5m×5m 样方法在不同的生境进行植被多样性调查，同时采集植株样品，最后对植株样品中的有机碳含量进行测定，通过测定的数据折算出不同植被类型的固碳量，比较不同植被类型的固碳能力，植株的样品采集设置 3 个平行。

在相同的地区需要同时采集土壤样品进行有机碳含量的测定，土壤样品的采集共设置了 5 个平行，用土钻采集 0～100cm 的土壤，分别采集 0～20cm、

20~40cm、40~60cm、60~80cm、80~100cm 的土样；最后将 5 个平行样品送检，通过测定的数据折算出不同植被类型的土壤含碳量。

二、典型自然地貌土壤碳含量及土壤呼吸情况

有效控制水土流失，保护水土资源，减小土壤中有机碳流失是荒漠化治理的重要研究方向，土壤中有机碳含量会影响植被的生长，改变地表物质循环，还会带来一系列生态环境效应。为了研究自然林地的土壤含碳量及土壤呼吸情况，对采集的土壤样品进行碳含量测定、对地表的呼吸强度进行测定（表 5-1）。

表 5-1　自然地貌土壤碳含量及土壤呼吸情况

试验对象	试验地点	单位面积林地土壤固碳量（kg/m^2）	CO_2浓度（mmol/L）	呼吸强度［$g/(m^2 \cdot h)$］
放牧草地	高沙窝	15.98	480.33	0.29
封育草地	高沙窝	11.99	464.17	0.22
苜蓿地	大水坑	—	482.67	0.32
流动沙丘	大墩梁	6.79	455.83	0.08

通过数据分析可知，高沙窝林地的放牧草地土壤固碳量较大，单位面积林地土壤固碳量为 15.98kg/m^2，高于高沙窝的封育草地和流动沙丘的土壤固碳量，主要原因在于放牧的牧畜排泄物会增加土壤的碳含量，而大水坑的苜蓿地数据缺失，无法判断土壤固碳量；通过对地表的呼吸强度测定数据显示，苜蓿地的呼吸强度最高为 0.32$g/(m^2 \cdot h)$，放牧草地为 0.29$g/(m^2 \cdot h)$，封育草地为 0.22 $g/(m^2 \cdot h)$，通过现有的数据发现，土壤的呼吸强度与土壤的固碳量呈正比，固碳量越大，土壤呼吸强度越大，比如流动沙丘，土壤沙化严重土壤中有机碳在土壤中的比例较小，土壤中的生物类群相对较少，流动沙丘只有部分植株，植株是有机碳的主要来源，而沙丘中植被稀少，土壤表面植被覆盖面少，导致土壤中的有机碳含量较少，最后导致土壤有机物得不到补充而一直被土壤微生物消耗，使得表层土壤的有机碳含量减少。

三、典型自然地貌植物的固碳能力评价

对自然林地的植株进行有机碳含量测定。数据显示，高沙窝区域的放牧草地单位面积的有机碳含量为0.19kg/m²，林地的植被主要以甘草为主，其余的草本植物生长量较大，但是生物量较少，所有的草本植物有机碳含量远远不足甘草的有机碳含量；而高沙窝区域的封育草地没有放牧的情况，植被未被牲畜破坏，单位面积有机碳含量明显大于放牧草地的有机碳含量、有机含碳量为0.25kg/m²，林地主要以草本植物为主，植株较多，生物量较大，灌木主要以柠条为主，但柠条均为幼苗，生物量较小，该地区的植株固碳主要以草本植物为主，植被类型丰富，固碳能力较强；大水坑的苜蓿地单位面积有机碳含量为0.12kg/m²，与高沙窝的放牧草地的有机碳含量相似，林地中紫花苜蓿在固碳这一块起到了很大的作用；而流动沙丘风蚀情况严重，沙粒移动较为剧烈，植株生长困难，在流动沙丘的草本植物生长量较少，单位面积有机碳含量仅为0.000 26kg/m²，碳含量明显不足（表5-2）。

表5-2　典型自然地貌植物固碳能力监测分析

试验对象	试验地点	植物名称	株数（株）	地上植株有机碳含量（g/25m²）	地下植株有机碳含量（g/25m²）	植株总含碳量（g/25m²）	植被含碳量（g/25m²）	单位面积有机碳含量(kg/m²)
放牧草地	高沙窝	甘草	37	649.18	2 503.10	3 152.28	4 709.51	0.19
		草本植物	5 573	1 276.39	280.84	1 557.23		
封育草地	高沙窝	柠条	14	44.24	20.55	64.79	6 170.01	0.25
		草本植物	2 328	3 621.57	2 483.66	6 105.22		
苜蓿地	大水坑	紫花苜蓿	97	102.95	691.60	794.55	3 052.25	0.12
		草本植物	5 537	1 860.52	397.18	2 257.70		
流动沙丘	大墩梁	草本植物	31	3.51	3.01	6.52	6.52	0.000 26

第四节　宁夏干旱风沙区灌木林地固碳能力研究与评价

一、灌木造林地土壤碳含量及土壤呼吸情况

植物生长的土壤中含有大量的有机质，有机质是植物土壤中所有含碳化合物，虽然有机质仅占土壤质量很小部分，但它却是植物的养分和土壤微生物生命活动的能量来源（李生宝，2010），若植被遭到破坏或者植被较少，土壤中的有机质将被氧化而排放大量 CO_2，易造成土壤中植物可利用的有机质流失。灌木树种作为干旱地区主要的造林树种，在固碳方面起着重要的作用，植被的固碳能力以及植被的类型决定了土壤中的碳含量，试验以杨柴、沙柳、花棒、柠条以及灌木混交林作为试验对象对其土壤进行碳含量分析数据如下。

1. 不同密度杨柴林地土壤碳含量及土壤呼吸情况

高沙窝区域的杨柴林主要以杨柴为优势种群，其余植株的生长情况较差，虽然该地区的杨柴密度较大但林地的土壤固碳能力较弱，单位面积林地的土壤固碳量仅为 6.19kg/m^2，但土层中的微生物较为活跃，土壤呼吸强度较大为 0.36g/(m^2 · h)；而沙泉湾地区的杨柴林地单位面积林地土壤固碳量为 12.21kg/m^2，是高沙窝区域杨柴林地的 2 倍，其呼吸强度与密度为 4.72 株/m^2 的杨柴林地相似，由此说明该地区的土壤养分情况和微生物分布情况基本一致；以此说明密度较小的杨柴对土壤固碳的能力较强，能有效改善土壤的养分（表 5-3）。

表 5-3　不同密度杨柴林地土壤碳含量及土壤呼吸情况

试验对象	试验地点	单位面积林地土壤固碳量（kg/m^2）	CO_2浓度（mmol/L）	呼吸强度［g/(m^2 · h)］
杨柴（4.72 株/m^2）	高沙窝	6.19	476.00	0.36
杨柴（1.4 株/m^2）	沙泉湾	12.21	485.33	0.35

2. 不同密度沙柳林地土壤碳含量及土壤呼吸情况

高沙窝区域的两种密度的沙柳林地的土壤活跃情况基本一致，密度为1.48株/m^2的沙柳林地单位面积土壤固碳量为16.98kg/m^2，密度为0.4株/m^2的沙柳单位面积土壤固碳量为18.99kg/m^2，两种密度的固碳量基本不存在差异，通过相似的呼吸强度可知，两种密度的沙柳林地土壤的活跃度无明显差异，主要原因在于密度较小的沙柳林地伴生植被丰富，枯死的植株较多，微生物活跃，土壤有机碳能得到很好的补充，因此密度相差较大的沙柳的土壤固碳能力相似（表5-4）。

表5-4　不同密度沙柳林地土壤碳含量及土壤呼吸情况

试验对象	试验地点	单位面积林地土壤固碳量（kg/m^2）	CO_2浓度（mmol/L）	呼吸强度［g/(m^2·h)］
沙柳（1.48株/m^2）	高沙窝	16.98	476.67	0.39
沙柳（0.4株/m^2）	高沙窝	18.99	481.50	0.38

3. 不同密度花棒林地土壤碳含量及土壤呼吸情况

在沙泉湾地区的花棒林地地理位置相差不大，生态环境基本相似，密度为2.12株/m^2的花棒土壤单位面积的土壤固碳量为12.11kg/m^2，密度为0.28株/m^2的花棒土壤单位面积土壤固碳量为13.89kg/m^2，由数据可知，密度较稀的花棒林地土壤的有机碳含量更加丰富，呼吸强度也更强，虽然两种密度的土壤固碳量以及呼吸强度并无显著性差异，但根据花棒的实际情况以及杨柴的实际情况，也不难看出植株控制在合适的生长密度对土壤有机碳的固定起着很重要的作用（表5-5）。

表5-5　不同密度花棒林地土壤碳含量及土壤呼吸情况

试验对象	试验地点	单位面积林地土壤固碳量（kg/m^2）	CO_2浓度（mmol/L）	呼吸强度［g/(m^2·h)］
花棒（2.12株/m^2）	沙泉湾	12.11	502.00	0.67
花棒（0.28株/m^2）	沙泉湾	13.89	488.00	0.77
花棒柠条混交林地	大墩梁	7.06	461.17	0.39

4. 不同密度柠条林地土壤碳含量及土壤呼吸情况

柠条作为干旱地区的主要造林树种，在防风固沙以及水土保失方面起着重要的作用，同时，柠条的根系发达，土壤中的微生物含量相对丰富，其冠幅较大，光合作用能力较强，能很好地将空气中的无机碳源合成有机碳源并补充土壤的有机碳含量（表 5-6）。

表 5-6　不同密度柠条林地土壤碳含量及土壤呼吸情况

试验对象	试验地点	单位面积林地土壤固碳量（kg/m^2）	CO_2浓度（mmol/L）	呼吸强度［$g/(m^2 \cdot h)$］
柠条（窄）（株距 4m）	高沙窝	27. 28	462. 17	0. 15
6m 柠条（宽）（行距 6m）	高沙窝	31. 35	462. 17	0. 15
柠条锦鸡儿 4m	高沙窝	11. 80	467. 33	0. 22
10m 柠条	高沙窝	17. 09	457. 67	0. 24
柠条间作苜蓿（窄）	张步井	29. 35	473. 00	0. 34
柠条间作苜蓿（宽）	张步井	29. 35	473. 00	0. 34
6m 柠条地	佟记圈	22. 67	486. 33	0. 63

通过数据监测和测定发现，在宁夏地区的柠条林地土壤碳含量较大，其中以 4m×6m 的柠条林地和 1m×10m 的柠条苜蓿地最为明显，4m×6m 的柠条株距间的土壤碳含量为 27. 28kg/m^2、行距间的土壤碳含量最高为 31. 35kg/m^2，呼吸强度最低为 0. 15$g/(m^2 \cdot h)$，柠条苜蓿地的土壤碳含量与 4m×6m 的固碳量相似、其株行距的碳含量一样，为 29. 35kg/m^2，土壤呼吸强度较高，不同密度的柠条中 2m×4m 的柠条锦鸡儿的土壤固碳量最小，为 11. 80kg/m^2；位于佟记圈的柠条地土壤固碳量居中，单位面积林地土壤固碳量为 22. 67 kg/m^2，但土壤的呼吸强度最高为 0. 63$g/(m^2 \cdot h)$。

通过分析发现佟记圈区域的柠条林地的土壤养分恢复状态良好，呼吸强度较大，土壤微生物类群丰富，而高沙窝区域的柠条林地的林龄较长，土壤中的枯枝败叶较多，土壤有机碳的含量相对较高，但呼吸强度较差，这可能与土壤的储水量有关，佟记圈区域的柠条地土壤含水量比高沙窝区域的柠条地丰富。

5. 灌木混交林林地土壤碳含量及土壤呼吸情况

盐池县大墩梁地区灌木交叉生长，种植时以混交种植的模式进行种植导致该地区的灌木混交生长。

通过数据监测和测定显示，大墩梁地区的灌木地土壤固碳量受到灌木混交林的密度影响，生长密度较大灌木混交磷土壤固碳量为 10.23kg/m²，呼吸强度较大为 0.28g/(m²·h)，随着植株的生长密度变小，土壤中有机碳的含量减少，中密度和低密度的混交林土壤固碳量分别为 7.01kg/m²和 7.69kg/m²，土壤碳含量明显低于高密度的混交林，土壤呼吸强度也逐渐变弱；可能的原因是大墩梁地区的土壤多以沙粒为主，而灌木的覆盖率较大可有效地减少土壤水分的挥发，使得密度较大的混交林呼吸强度较大（表 5-7）。

表 5-7　不同灌木混交林地土壤碳含量及土壤呼吸情况

试验对象	试验地点	单位面积林地土壤固碳量（kg/m²）	CO_2浓度（mmol/L）	呼吸强度［g/(m²·h)］
灌木混交林（密）	大墩梁	10.23	470.83	0.28
灌木混交林（中）	大墩梁	7.01	471.00	0.24
灌木混交林（稀）	大墩梁	7.69	455.17	0.15

6. 典型灌木林地土壤碳含量及土壤呼吸情况

在花马寺建设了万亩的生态园区，生态园区内种植了大量的灌木树种，比如文冠果、连翘和沙冬青。

以高沙窝区域的沙蒿林地作为对比发现，在生态园区域的灌木树种土壤有机碳含量明显较高，其中连翘的固碳量最高为 22.37kg/m²，文冠果次之，为 18.51kg/m²，沙冬青为 14.23kg/m²，而花马寺生态园外面的柽柳林地土壤固碳量仅有 8.75kg/m²，高沙窝的沙蒿林地为 9.77kg/m²；就呼吸强度而言，花马寺区域的土壤呼吸强度均较高，在 0.55 左右，其中以文冠果最强，而高沙窝区域的沙蒿林地土壤的呼吸强度明显低于花马寺区域；以上情况根据分析可能的原因是在生态园区域定期的补灌使得该地区的植被生长茂盛、形成代谢较强，土壤中微生物较为活跃以至于该地区的土壤有机碳含量较高、土壤呼吸强度较大；而生态园外围的柽柳林地土壤固碳量较少、呼吸强度较大，沙蒿林地的土壤固碳量较少、呼吸强度较低，主要原因可能是因为林龄的关系（表 5-8）。

表 5-8　不同园林灌木林地土壤碳含量及土壤呼吸情况

试验对象	试验地点	单位面积林地土壤固碳量（kg/m^2）	CO_2浓度（mmol/L）	呼吸强度［$g/(m^2 \cdot h)$］
文冠果	生态园	18.51	495.17	0.68
连翘	生态园	22.37	494.17	0.55
柽柳	花马寺	8.75	484.17	0.51
沙冬青	生态园	14.23	556.67	0.48
封育沙蒿	高沙窝	9.77	456.67	0.20

二、灌木造林地植物固碳能力评价

1. 杨柴造林地植物固碳能力评价

杨柴作为干旱区典型的造林树种，植株在固碳方面起着重要作用，在高沙窝区域，杨柴的密度较小，为 1.40 株/m^2，其植株的含碳量较大，伴生的黑沙蒿以及草本植物较多，生长旺盛，因此该地区的杨柴林地植株的单位面积有机碳含量为 0.19kg/m^2，而沙泉湾的杨柴林地主要以杨柴为主，密度为 4.72 株/m^2，同时簇生着许多的杨柴幼苗，草本植物没有高沙窝的杨柴地丰富，该地区的土壤水分不足，植株生长情况较差，因此该地区的杨柴林地植株的单位面积有机碳含量为 0.07kg/m^2，明显低于高沙窝区域杨柴林地植株固碳量（表 5-9）。

表 5-9　不同密度杨柴林地植被固碳能力调查分析

试验对象	试验地点	植物名称	株数（株）	地上植株有机碳含量（$g/25m^2$）	地下植株有机碳含量（$g/25m^2$）	植株总含碳量（$g/25m^2$）	植被含碳量（$g/25m^2$）	单位面积有机碳含量（kg/m^2）
杨柴（1.40 株/m^2）	高沙窝	杨紫	35	500.74	248.57	749.32	4 667.75	0.19
		黑沙蒿	2	1 154.00	87.23	1 241.23		
		草本植物	3 275	1 471.71	1 205.49	2 677.20		

（续表）

试验对象	试验地点	植物名称	株数（株）	地上植株有机碳含量（g/25m²）	地下植株有机碳含量（g/25m²）	植株总含碳量（g/25m²）	植被含碳量（g/25m²）	单位面积有机碳含量（kg/m²）
杨柴（4.72株/m²）	沙泉湾	杨柴	118	354.29	297.26	651.55	1 696.50	0.07
		白沙蒿	2	140.05	95.08	235.14		
		小杨柴	26	78.06	65.50	143.56		
		草本植物	285	515.70	150.55	666.25		

2. 沙柳造林地植物固碳能力评价

根据数据显示，高沙窝区域密度为 1.48 株/m² 的沙柳林地沙柳生长量较为丰富，伴生植株主要以黑沙蒿为主，也分布着少量的草本植物，生长量较少，该地区单位面积有机碳含量为 2.56kg/m²，而密度为 0.4 株/m² 的沙柳林地伴生植物主要以草本植物居多，虽然植株生长量较多，但草本植物的碳含量与沙柳相比存在明显差异，沙柳比杨柴的固碳效果更好，随着林龄的增长，沙柳固碳量越大，因此在密度较小的沙柳林即使有大量的草本植物，但单位面积有机碳含量较低，密度为 0.4 株/m² 的沙柳有机碳含量为 0.33kg/m²，远远低于高密度的沙柳（表 5-10）。

表 5-10　不同密度沙柳林地植被固碳能力调查分析

试验对象	试验地点	植物名称	株数（株）	地上植株有机碳含量（g/25m²）	地下植株有机碳含量（g/25m²）	植株总含碳量（g/25m²）	植被含碳量（g/25m²）	单位面积有机碳含量（kg/m²）
沙柳（1.48株/m²）	高沙窝	沙柳	37	28 938.16	33 867.32	62 805.48	63 880.36	2.56
		黑沙蒿	22	449.16	251.99	701.16		
		草本植物	249	236.51	137.21	373.72		
沙柳（0.4株/m²）	高沙窝	沙柳	5	2 586.38	2 133.40	4 719.78	8 135.47	0.33
		黑沙蒿	9	160.05	68.83	228.89		
		草本植物	909	889.80	2 297.00	3 186.81		

3. 花棒造林地植物固碳能力评价

高沙窝区域的花棒生长状况良好，固碳量较高，密度为0.28株/m²的花棒林地植株的总固碳量为1.79kg/m²，林地的植被类型丰富，伴生植株较多，其中以紫穗槐、杨柴和白沙蒿为主；而密度为2.12株/m²的花棒林地的花棒生长茂盛、数量较多，该林地的总植株固碳量为12.91kg/m²，伴生植株以草本植物居多，也伴生着许多的小沙蒿，该密度的花棒能充分利用光合作用进行有机碳的合成促进植株的生长，同时改善土壤的有机碳含量；而大墩梁地区的花棒林地花棒较少，生长的植株以杨柴和柠条居多，该地区的土壤土层结构松软，植被种群不稳定，该地区的植被固碳能力较弱，花棒林地的植被固碳量仅为0.01kg/m²（表5-11）。

表5-11　不同密度花棒林地植被固碳能力调查分析

试验对象	试验地点	植物名称	株数（株）	地上植株有机碳含量（g/25m²）	地下植株有机碳含量（g/25m²）	植株总含碳量（g/25m²）	植被含碳量（g/25m²）	单位面积有机碳含量（kg/m²）
花棒（0.28株/m²）	沙泉湾	花棒	7	40 209.4	2 297.632	42 507.03	44 737.46	1.79
		紫穗槐	4	78.36	86.20	164.56		
		小花棒	24	184.47	232.31	416.78		
		小杨柴	8	44.35	20.25	64.60		
		白沙蒿	13	1 088.88	396.17	1 485.05		
		草本植物	53	70.50	28.94	99.44		
花棒（2.12株/m²）	沙泉湾	花棒	53	304 442.6	17 396.36	321 838.96	322 867.27	12.91
		沙蒿	10	393.22	125.75	518.96		
		小花棒	37	178.97	153.61	332.58		
		草本植物	400	125.23	51.54	176.77		
花棒	大墩梁	杨柴	5	33.04	39.52	72.56	364.44	0.01
		柠条	9	9.18	7.49	16.67		
		草本植物	65	257.70	17.51	275.21		

4. 柠条造林地植物固碳能力评价

通过对不同地区不同密度的柠条进行取样调查送检发现，佟记圈区域密度为 1m×6m 的柠条林地的植株固碳量最高，为 0.93kg/m²，张步井区域宽度的柠条苜蓿林地固碳次之，为 0.66kg/m²，高沙窝张步井地区的柠条苜蓿地植株生长情况较好，而 4m×6m 的柠条林地植被密度较小，植株的固碳能力较弱，整个 4m×6m 柠条林地单位面积固碳量在 0.18～0.28kg/m²，明显低于其他密度的林地固碳量（表 5-12）。

表 5-12　不同柠条林地植被固碳能力调查分析

试验对象	试验地点	植物名称	株数（株）	地上植株有机碳含量（g/25m²）	地下植株有机碳含量（g/25m²）	植株总含碳量（g/25m²）	植被含碳量（g/25m²）	单位面积有机碳含量(kg/m²)
4m×6m 柠条（窄）株距	高沙窝	柠条	14	4 569.03	2 368.14	6 937.17	7 091.03	0.28
		草本植物	1 257	97.40	56.46	153.86		
4m×6m 柠条（宽）行距 6m	高沙窝	柠条	8	2 119.29	1 722.54	3 841.83	4 519.20	0.18
		草本植物	1 284	469.47	207.89	677.37		
柠条锦鸡儿 4m	高沙窝	柠条锦鸡儿	2	4 521.95	954.23	5 476.19	8 521.16	0.34
		沙蒿	1	1.59	0.74	2.32		
		草本植物	2 876	839.62	2 203.03	3 042.65		
10m 柠条	高沙窝	大柠条	4	9 654.53	1 535.23	11 189.76	13 576.73	0.54
		黑沙蒿	2	8.23	10.02	18.25		
		草本植物	3 078	1 862.75	505.97	2 368.72		
柠条苜蓿（窄）	张步井	柠条	11	6 368.22	1 480.04	7 848.25	8 185.28	0.33
		草本植物	359	277.99	59.03	337.03		
柠条苜蓿（宽）	张步井	柠条	19	4 636.92	10 166.03	14 802.95	16 488.24	0.66
		草本植物	619	834.69	850.59	1 685.28		
柠条地（1m×6m）	佟记圈	柠条	3	16 377.31	6 297.36	22 674.67	23 195.10	0.93
		沙蒿	4	91.04	58.17	149.21		
		草本植物	558	271.99	99.23	371.22		

由此分析，柠条的种植密度控制在 1m×6m，其植株生长状态良好，能有效地进行光合作用，并簇生大量的伴生植株如沙蒿以及猪毛蒿等，植株的生物量较高，而生物量决定了植株中的有机碳含量，所以密度为 1m×6m 的柠条林

地的植被固碳量明显大于其余密度的柠条林地。

5. 灌木混交林地植物固碳能力评价

植株的生长密度以及植株的生物量决定了该地区植被的固碳量。在大墩梁地区灌木多以混合种植方式进行种植，在该地区存在着大量的灌木混交林，密度较大的灌木混交林，物种类型丰富，生长的黑沙蒿、柠条、杨柴、沙柳以及沙木蓼，生物量较大，植株固碳量较大，单位面积的固碳量为 0.27kg/m^2，而密度居中的灌木混交林植株生长量不足，单位面积有机碳含量为 0.05kg/m^2，而密度较稀的灌木混交林林地植被稀少，林地沙化较为严重，生物量明显不足，固碳量不足 0.01kg/m^2（表 5-13）。

表 5-13　不同灌木混交林地植被固碳能力调查分析

试验对象	试验地点	植物名称	株数（株）	地上植株有机碳含量（g/25m^2）	地下植株有机碳含量（g/25m^2）	植株总含碳量（g/25m^2）	植被含碳量（g/25m^2）	单位面积有机碳含量（kg/m^2）
灌木混交林（密）	大墩梁	黑沙蒿	33	4 815.90	296.88	5 112.77	6 637.02	0.27
		柠条	8	38.05	8.68	46.73		
		杨柴	15	1 249.31	18.42	1 267.74		
		沙柳	4	8.82	28.17	37.00		
		沙木蓼	5	41.86	13.68	55.54		
		草本植物	7	105.88	11.37	117.25		
灌木混交林（中）	大墩梁	柠条	12	37.55	13.49	51.05	1 182.93	0.05
		沙木蓼	3	39.98	30.97	70.96		
		杨柴	8	7.38	140.27	147.65		
		沙蒿	7	625.63	185.90	811.53		
		沙柳	2	35.39	45.11	80.50		
		草本植物	57	16.76	4.48	21.25		
灌木混交（稀）	大墩梁	柠条	2	0.00	2.12	2.12	103.55	0.004
		杨柴	1	1.16	1.71	2.87		
		黑沙蒿	142	59.00	39.56	98.56		

6. 典型园林灌木造林地植物固碳能力评价

植株的固碳能力与植株的类型和生长特征具有很大的关系，通过对文冠果、连翘、柽柳、沙冬青以及沙蒿林地进行测定发现，生长旺盛，植株生长较高的柽柳林地植被固碳量较大，单位面积的固碳量为 1. 4kg/m²，植株生长不高的沙冬青以及沙蒿的植株固碳量较少分别为 0. 33 kg/m²和 0. 10kg/m²，而生态园的文冠果和连翘固碳量不足 0. 10kg/m²，由此说明不同的灌木林地植株自身的特性将决定植株的生物量大小，柽柳的生长较快，随着林龄的生长株高可达 4m，固碳能力较强，而文冠果和沙冬青等灌木生长缓慢、冠幅较小、株高不足 1m，生物量较小、固碳量相对较低（表 5-14）。

表 5-14　不同园林灌木林地植被固碳能力调查分析

试验对象	试验地点	植物名称	株数（株）	地上植株有机碳含量（g/25m²）	地下植株有机碳含量（g/25m²）	植株总含碳量（g/25m²）	植被含碳量（g/25m²）	单位面积有机碳含量(kg/m²)
文冠果	生态园	文冠果	18	258. 74	877. 96	1 136. 70	1 569. 59	0. 06
		草本植物	517	283. 25	149. 63	432. 89		
连翘	生态园	连翘	14	884. 85	494. 07	1 378. 92	1 662. 36	0. 07
		草本植物	139	159. 15	124. 29	283. 44		
柽柳	花马寺	柽柳	12	7 696. 26	6 958. 34	14 654. 60	27 893. 61	1. 4
		榆树	7	54. 11	30. 44	84. 55		
		沙蒿	2	182. 27	236. 34	418. 61		
		草本植物	9 902	7 520. 57	5 215. 28	12 735. 85		
沙冬青	生态园	沙冬青	95	6234. 86	1 549. 28	7 784. 14	8 223. 04	0. 33
		草本植物	665	279. 85	159. 04	438. 89		
封育沙蒿	高沙窝	柠条	9	343. 96	222. 92	566. 89	2 418. 85	0. 10
		沙蒿	10	702. 68	305. 61	1 008. 29		
		草本植物	1 424	709. 11	134. 57	843. 67		

第五节　宁夏干旱风沙区乔木林地固碳能力研究与评价

宁夏中部干旱带的造林乔木主要以樟子松、榆树、新疆杨、沙枣以及刺槐为主，乔木盖度较大，能有效地利用阳光进行光合作用合成有机物，使得乔木的生物量较大，同时乔木新陈代谢会产生很多的枯枝败叶增加了土壤中的有机碳含量，促进了土壤的微生物生长，同时乔木发达的根系与土壤微生物形成了良好的生态群，促使乔木林地的固碳量较大。

一、乔木林地土壤碳含量及土壤呼吸情况

1. 樟子松人工林地土壤碳含量及土壤呼吸情况

对不同密度的樟子松人工林地进行土壤取样分析可知，佟记圈区域的樟子松人工林地的土壤固碳量较大，密度为 3m×5m 的樟子松人工林地单位面积土壤固碳量为 18. 19kg/m^2，是试验不同密度的樟子松中土壤含碳量最为丰富的林地。其次是密度为 4m×10m 的樟子松人工林地固碳量为 16. 35kg/m^2，仅次于 3m×5m 的樟子松，但 4m×10m 的樟子松人工林地的土壤呼吸强度高于 3m×5m 的樟子松人工林地。大水坑区域的樟子松新造林地区土壤呼吸强度居中，为 0. 38g/(m^2·h)，土壤固碳量缺少数据无法得知，但根据土壤呼吸强度来推断其土壤固碳量应高于高沙窝区域的樟子松人工林地。高沙窝区域的樟子松人工林地土壤固碳量为 12. 08kg/m^2，低于密度为 3m×5m 的林地。而大墩梁地区的樟子松人工林地土壤固碳量最低。这可能与该地区的海拔和地势有关，该地区的海拔高于高沙窝区域，以沙地沙丘为主，土壤沙化较为严重，樟子松林龄较小还未形成有效而稳定的生态系统，以至于该地区的土壤固碳量不及其他密度的林地（表 5-15）。

表 5-15　不同樟子松人工林地土壤碳含量及土壤呼吸情况

试验对象	试验地点	单位面积林地土壤固碳量（kg/m^2）	CO_2浓度（mmol/L）	呼吸强度［$g/(m^2 \cdot h)$］
樟子松 3m×3m	高沙窝	12.08	477.67	0.20
樟子松 3m×3m	大墩梁	7.06	480.33	0.24
樟子松新造林	大水坑		476.67	0.38
樟子松 3m×5m	佟记圈	18.19	504.00	0.57
樟子松 4m×10m	佟记圈	16.35	489.00	0.66

2. 榆树林地土壤碳含量及土壤呼吸情况

榆树作为主要的乔木造林树种，其固碳量也相当可观，选择了 3 种密度以及不同林龄的榆树进行数据测定分析发现，佟记圈区域的榆树土壤中的有机碳含量丰富，高于佟记圈区域的樟子松人工林地的土壤固碳量，在佟记圈区域的榆树密度为 3m×5m，成活率较高的榆树林地为高密度林地，成活率低的榆树林地为稀密度林地，高密度的榆树林地土壤有机碳含量高于稀密度的榆树林地，但其土壤的呼吸强度数值一样，由此说明该地区的土壤中的微生物活跃程度类似，只是高密度的榆树对土壤的有机碳补充较多，使得固碳量较高，但二者并无明显差异；而大水坑的新造林榆树林地还未形成稳定的林龄规模，该地区的植被类型与未种植榆树相比无明显变化，因此该地区的土壤呼吸强度较弱，明显低于佟记圈的成林地（表 5-16）。

表 5-16　不同榆树林地土壤碳含量及土壤呼吸情况

试验对象	试验地点	单位面积林地土壤固碳量（kg/m^2）	CO_2浓度（mmol/L）	呼吸强度［$g/(m^2 \cdot h)$］
榆树新造林	大水坑	—	508.83	0.26
榆树 3m×5m（稀）	佟记圈	18.28	496.67	0.66
榆树 3m×5m（密）	佟记圈	19.58	495.50	0.66

3. 小叶杨林地土壤碳含量及土壤呼吸情况

小叶杨是干旱区防护林的优选树种，小叶杨根系发达、生长较快、枝干笔直，在防风固沙方面具有很好的效果，因此小叶杨常作为防护林树种，但在宁夏地区也有成林的小叶杨林地，本次主要选择高沙窝区域的小叶杨林地和大水坑区域的小叶杨作为试验对象进行土壤固碳量研究，通过数据分析显示，高沙窝区域密度为4m×10m的小叶杨土壤固碳量为12.19kg/m²，土壤呼吸强度为0.44g/(m²·h)，土壤中二氧化碳浓度较高。大水坑区域的小叶杨林地的土壤固碳量缺少数值，无法明确的判断，但土壤呼吸强度为0.28g/(m²·h)，明显低于高沙窝区域的小叶杨林地。根据土壤呼吸强度进行推算可知，大水坑区域的小叶杨林地的固碳能力低于高沙窝区域（表5-17）。

表5-17 不同密度小叶杨林地土壤碳含量及土壤呼吸情况

试验对象	试验地点	单位面积林地土壤固碳量（kg/m²）	CO_2浓度（mmol/L）	呼吸强度［g/(m²·h)］
小叶杨 4m×10m	高沙窝	12.19	493.50	0.44
小叶杨	大水坑	—	488.67	0.28

4. 新疆杨林地土壤碳含量及土壤呼吸情况

选择不同密度的新疆杨作为试验对象，对沙泉湾地区密度为4m×6m的新疆杨林地和花马寺区域密度为2m×3m的新疆杨林地进行土壤样品采集测定可知；两种密度的新疆杨林地中土壤的有机碳含量相似，沙泉湾新疆杨林地为14.94kg/m²、花马寺新疆杨林地为14.91kg/m²；密度为4m×6m和2m×3m的土壤呼吸强度基本相似，分别为0.92g/(m²·h)和0.83g/(m²·h)，可能原因在于沙泉湾地区的新疆杨林龄较长，生态系统稳定，虽然密度较小但是土壤表层的土壤养分已得到很好的改善，土壤中有机碳含量丰富，而花马寺区域的新疆杨林龄较小，刚种植时间不久，且密度较大，枯枝败叶较多，土壤中的有机碳得到快速的增加，因此拉近了沙泉湾地区新疆杨林地中的土壤碳含量，使得两地区的新疆杨林地的土壤固碳量相似（表5-18）。

表5-18 不同新疆杨林地土壤碳含量及土壤呼吸情况

试验对象	试验地点	单位面积林地土壤固碳量（kg/m²）	CO_2浓度（mmol/L）	呼吸强度［g/(m²·h)］
新疆杨 4m×6m	沙泉湾	14.94	489.67	0.92
新疆杨 2m×3m	花马寺	14.91	493.00	0.83

5. 山杏林地土壤碳含量及土壤呼吸情况

以花马寺的山杏作为研究对象，通过数据测定得知，密度为2m×2m的山杏林地单位面积林地土壤固碳量为8.75kg/m²，而密度为4m×4m的山杏林地土壤固碳量为6.30kg/m²，但是密度较小的山杏林地土壤呼吸强度大于密度较大的山杏林地，密度为2m×2m的山杏林地土壤呼吸强度为0.34g/(m²·h)，密度为4m×4m的山杏林地土壤呼吸强度为0.39g/(m²·h)。可能原因在于密度较大的山杏林地生物量较大，使得该林地土壤的有机碳含量高于密度较小的山杏林地，而密度较小的林地伴生植被类型丰富、生长量较多，加大了该地区的土壤微生物数量，使得该地区的土壤呼吸强度大于密度为2m×2m的山杏林地（表5-19）。

表5-19 不同密度山杏林地土壤碳含量及土壤呼吸情况

试验对象	试验地点	单位面积林地土壤固碳量（kg/m²）	CO_2浓度（mmol/L）	呼吸强度［g/(m²·h)］
山杏2m×2m	花马寺	8.75	494.83	0.34
山杏4m×4m	花马寺	6.30	476.50	0.39

6. 典型乔木园林绿化林地土壤碳含量及土壤呼吸情况

在宁夏干旱区除了樟子松、榆树、山杏以及新疆杨等常见乔木外，还有一些西部干旱区典型的乔木造林树种，如旱柳、云杉、刺槐、圆柏和沙枣，在花马寺区域对这些典型的乔木林地的土壤样品进行有机碳含量测定，结果显示在这些典型的乔木树种中，密度为2m×2m的圆柏林地的土壤有机碳含量最为丰富，单位面积林地土壤固碳量为16.93kg/m²，但其土壤呼吸强度最低、为0.48g/(m²·h)，可能与该地区长期的林地翻耕存在很大关系，长期的翻耕使得地表的枯枝败叶被掩埋减少了浪费，但是不停地翻耕在一定程度上破坏了地表的微生物类群，使得该地区的土壤呼吸强度较小；密度相同、均为2m×3m的旱柳、刺槐和沙枣的林地土壤固碳量基本一致，单位面积的土壤固碳量在6~16kg/m²，但这3种乔木林地中，刺槐林地的土壤呼吸强度为0.84g/(m²·h)，明显高于其余两种乔木，同时高于云杉以及圆柏的土壤呼吸强度；而云杉林地的土壤碳含量为6.28kg/m²，固碳量较少；由此说明在这些典型乔木中以刺槐林地的土壤最为活跃、土壤微生物丰富固碳能力较强，圆柏次之

（表 5-20）。

表 5-20　典型乔木园林绿化林地土壤碳含量及土壤呼吸情况

试验对象	试验地点	单位面积林地土壤固碳量（kg/m^2）	CO_2浓度（mmol/L）	呼吸强度［$g/(m^2 \cdot h)$］
旱柳 2m×3m	花马寺	12.11	484.50	0.60
云杉 2m×3m	花马寺	6.28	495.83	0.50
刺槐 2m×3m	花马寺	12.75	410.32	0.84
圆柏 2m×2m	生态园	16.93	516.33	0.48
沙枣 2m×3m	花马寺	13.49	484.83	0.60

二、典型生态乔木林地固碳能力评价

1. 樟子松造林树种及伴生植物固碳能力评价

不同密度的樟子松人工林地中，以佟记圈和大水坑的樟子松人工林地的植被生长情况较好，伴生植株丰富，佟记圈区域密度为 3m×5m 的樟子松人工林地植株有机固碳量为 0.34，佟记圈区域密度为 4m×10m 的樟子松人工林地植被固碳量次之，为 0.22kg/m^2，而高沙窝区域密度为 3m×3m 的林地与大水坑区域的樟子松新造林地区的植被固碳量相似，分别为 0.13kg/m^2和 0.11kg/m^2，而大墩梁地区的樟子松人工林地植被较少，植株固碳量仅为 0.03kg/m^2（表 5-21）。

表 5-21　不同樟子松人工林地土壤碳含量及土壤呼吸情况

试验对象	试验地点	植物名称	株数（株）	地上植株有机碳含量（$g/25m^2$）	地下植株有机碳含量（$g/25m^2$）	植株总含碳量（$g/25m^2$）	植被含碳量（$g/25m^2$）	单位面积有机碳含量（kg/m^2）
樟子松 3m×3m	高沙窝	樟子松	3	5 657.61	3 559.89	9 217.50	3 320.77	0.13
		黑沙蒿	4	36.40	7.35	43.75		
		草本植物	269	485.45	215.60	701.06		

（续表）

试验对象	试验地点	植物名称	株数（株）	地上植株有机碳含量（g/25m²）	地下植株有机碳含量（g/25m²）	植株总含碳量（g/25m²）	植被含碳量（g/25m²）	单位面积有机碳含量（kg/m²）
樟子松 3m×3m	大墩梁	樟子松	5	1121.53	35.83	1 157.35	860.11	0.03
		黑沙蒿	1	318.20	16.48	334.68		
		草本植物	267	855.01	233.28	1 088.29		
樟子松新造林	大水坑	樟子松	1	961.22	0.00	961.22	2 804.26	0.11
		柠条	49	190.18	473.68	663.86		
		沙蒿	1	19.51	11.08	30.58		
		草本植物	2 847	4 739.58	4 821.82	9 561.40		
樟子松 3m×5m	佟记圈	柠条	1	70.85	102.90	173.76	8 539.52	0.34
		黑沙蒿	3	28.04	20.50	48.55		
		樟子松	2	26 944.10	6 785.35	33 729.46		
		草本植物	1 919	149.04	57.26	206.30		
樟子松 4m×10m	佟记圈	樟子松	1	11 717.85	3 401.63	15 119.48	5 400.18	0.22
		黑沙蒿	2	29.05	13.75	42.80		
		草本植物	3 176	318.75	719.51	1 038.25		

由此可知，不同密度的樟子松人工林地的植被分布情况不同，生长量不同导致生物量不同，直接影响该地区的有机固碳量，在所检测的几种密度的樟子松人工林地中，密度为 3m×5m 的樟子松人工林地固碳效果最好，建议后续的种植主要参考此密度进行。

2. 榆树造林树种及伴生植物固碳能力评价

以榆树为研究对象，通过对不同密度的榆树林地进行生物多样性调查发现，密度为 3m×5m 的榆树固碳能力相似，但是死亡较多的榆树林生长着沙蒿和柠条以及大量的草本植物，单位面积植株固碳量为 1.99kg/m²，该区生物固碳量高于榆树死亡较少的林地，但死亡较小的榆树林地的草本植物较多，物种较为丰富，单位面积植株固碳量达 1.73kg/m²；而大水坑区域的榆树新造林生态系统不稳定，该地区的植被主要还是以原有植被为主，生物固碳量较低，该地区生物固碳量仅为 0.05kg/m^2（表 5-22）。

表 5-22　不同密度榆树林地植被固碳能力调查分析

试验对象	试验地点	植物名称	株数（株）	地上植株有机碳含量（g/25m^2）	地下植株有机碳含量（g/25m^2）	植株总含碳量（g/25m^2）	植被含碳量（g/25m^2）	单位面积有机碳含量（kg/m^2）
榆树新造林	大水坑	榆树	2	24.62	10.27	34.89	1 353.25	0.05
		沙棘	1	0.61	0.00	0.61		
		草本植物	2 015	1 145.85	171.89	1 317.74		
榆树 3m×5m（稀）	佟记圈	榆树	2	34 133.89	15 537.10	49 670.99	49 733.88	1.99
		沙蒿	1	1.71	1.64	3.35		
		柠条	1	0.43	0.30	0.73		
		草本植物	341	47.56	11.25	58.81		
榆树 3m×5m（密）	佟记圈	榆树	2	29 388.82	13 595.57	42 984.39	43 224.80	1.73
		沙蒿	8	70.55	31.50	102.05		
		草本植物	620	89.49	48.87	138.36		

3. 小叶杨造林树种及伴生植物固碳能力评价

小叶杨作为干旱区典型乔木，其固碳能力较高，通过对高沙窝区域林龄较大的小叶杨林地进行植被调查分析得知，小叶杨的生物固碳量较大，该区的小叶杨密度较小，为 4m×10m，但小叶杨生长良好，长势较高，该地区的单位面积的生物固碳量为 7.40kg/m^2；而大水坑区域的小叶杨林地长势较低，出现了大面积死亡现象，该地区的小叶杨林地生物固碳量为 0.71kg/m^2。相对于高沙窝区域的小叶杨林地明显较低（表 5-23）。

表 5-23　不同密度小叶杨林地植被固碳能力调查分析

试验对象	试验地点	植物名称	株数（株）	地上植株有机碳含量（g/25m^2）	地下植株有机碳含量（g/25m^2）	植株总含碳量（g/25m^2）	植被含碳量（g/25m^2）	单位面积有机碳含量（kg/m^2）
小叶杨 4m×10m	高沙窝	小叶杨	2	144 608.62	40 122.17	184 730.79	185 077.96	7.40
		草本植物	344	110.00	237.16	347.16		

（续表）

试验对象	试验地点	植物名称	株数（株）	地上植株有机碳含量（g/25m²）	地下植株有机碳含量（g/25m²）	植株总含碳量（g/25m²）	植被含碳量（g/25m²）	单位面积有机碳含量（kg/m²）
小叶杨	大水坑	小叶杨	1	11 139.81	932.22	12 072.03	17 864.51	0.71
		柠条	25	67.36	142.93	210.29		
		草本植物	700	1 726.60	3 855.58	5 582.19		

4. 新疆杨造林树种及伴生植物固碳能力评价

沙泉湾地区的乔木林地主要以新疆杨为主，选择该地区密度为4m×6m的新疆杨林地进行生物多样分析，发现该地区的植被类型丰富，林地中生长着大量的杨柴、黑沙蒿等灌木树种，同时伴生着部分草本植物，该地区的固碳量丰富，单位面积的生物固碳量为2.67kg/m²；花马寺区域的新疆杨密度较大，植株生长较高，但该地区的伴生植物主要以草本植物为主，固碳量较低，单位面积的生物固碳量为1.88kg/m²，预计再过几年该地区的生物固碳量随着植株的生长将会增加并且超过沙泉湾地区密度为4m×6m的新疆杨林地（表5-24）。

表5-24　不同密度新疆杨林地植被固碳能力调查分析

试验对象	试验地点	植物名称	株数（株）	地上植株有机碳含量（g/25m²）	地下植株有机碳含量（g/25m²）	植株总含碳量（g/25m²）	植被含碳量（g/25m²）	单位面积有机碳含量（kg/m²）
新疆杨4m×6m	沙泉湾	新疆杨	2	62 019.24	4 359.06	66 378.30	66 734.11	2.67
		杨柴	10	10.11	7.48	17.59		
		黑沙蒿	8	133.45	180.08	313.54		
		草本植物	93	13.64	11.05	24.69		
新疆杨2m×3m	花马寺	新疆杨	5	30 720.98	15 844.46	46 565.44	47 096.20	1.88
		草本植物	132	297.03	233.73	530.76		

5. 山杏造林树种及伴生植物固碳能力评价

选择花马寺区域不同密度的山杏林地进行植被调查发现，密度为2m×2m的山杏单位面积的生物固碳量为3.92kg/m²，该地区的林地伴生着部分幼小的榆树和黑沙蒿，而密度为4m×4m的山杏林地的生物生长情况较差，该地区的生物固碳量为 0.32kg/m^2（表 5-25）。

表 5-25 不同密度山杏林地植被固碳能力调查分析

试验对象	试验地点	植物名称	株数（株）	地上植株有机碳含量（g/25m^2）	地下植株有机碳含量（g/25m^2）	植株总含碳量（g/25m^2）	植被含碳量（g/25m^2）	单位面积有机碳含量（kg/m^2）
山杏	花马寺	山杏	6	96 091.37	1 001.16	97 092.53	97 973.07	3.92
		榆树	1	0.30	0.31	0.61		
		黑沙蒿	2	298.32	38.04	336.36		
		草本植物	448	335.56	207.99	543.55		
山杏（稀）	花马寺	沙蒿	3	466.81	69.22	536.04	8 051.51	0.32
		山杏	3	4 524.40	2 654.59	7 178.99		
		榆树	1	0.30	0.31	0.61		
		草本植物	422	292.00	43.87	335.87		

6. 其他典型造林树种及伴生植物固碳能力评价

干旱区典型的灌木树种，如旱柳、云杉、刺槐、沙枣以及圆柏等的生长量较大，固碳效果较好，选择相同密度位于花马寺区域的相应林地进行试验分析，通过送检结果显示，选定的这几种乔木中刺槐林地的固碳量最高为 7.04kg/m^2，而云杉和圆柏两种乔木林地的生物固碳量一致，分别为 3.64kg/m^2 和 3.91kg/m^2，旱柳次之，而沙枣林地的生物固碳量最低为 1.32kg/m^2。该地区的植被类型丰富、主要以草本植株居多，因此生物的固碳主要以乔木为主，通过对相同密度的乔木林地进行调查可知干旱地区的典型乔木中，刺槐>圆柏>云杉>旱柳>沙枣（表 5-26）。

表 5-26 不同密度旱柳林地植被固碳能力调查分析

试验对象	试验地点	植物名称	株数（株）	地上植株有机碳含量（g/25m^2）	地下植株有机碳含量（g/25m^2）	植株总含碳量（g/25m^2）	植被含碳量（g/25m^2）	单位面积有机碳含量（kg/m^2）
旱柳 2m×3m	花马寺	旱柳	5	39 638.69	20 327.34	59 966.03	62 625.12	2.51
		榆树	4	12.26	17.96	30.23		
		黑沙蒿	1	11.71	7.02	18.73		
		草本植物	5 519	1 613.60	996.52	2 610.13		

（续表）

试验对象	试验地点	植物名称	株数（株）	地上植株有机碳含量（g/25m²）	地下植株有机碳含量（g/25m²）	植株总含碳量（g/25m²）	植被含碳量（g/25m²）	单位面积有机碳含量（kg/m²）
云杉 2m×3m	花马寺	云杉	5	52 751.00	15 033.64	67 784.64	91 029.94	3.64
		柠条	1	1.40	0.46	1.58		
		黑沙蒿	3	55.14	26.10	81.24		
		草本植物	4 868	15 482.12	7 680.36	23 162.48		
刺槐 2m×3m	花马寺	刺槐	5	156 150.64	19 101.15	175 251.79	176 030.40	7.04
		新疆杨	1	2.88	128.25	131.13		
		草本植物	2 180	310.60	336.88	647.48		
圆柏 2m×2m	生态园	圆柏	5	1 140.42	96 466.37	97 606.79	97 874.30	3.91
		榆树	2	2.11	1.67	3.78		
		草本植物	230	94.65	169.08	263.73		
沙枣 2m×3m	花马寺	沙枣	5	3 667.51	21 328.51	24 996.01	33 106.05	1.32
		草本植物	9 242	4 893.51	3 216.53	8 110.04		

第六章　宁夏干旱风沙区不同造林树种生态效益综合评价

第一节　综合效益评价方法的构建

盐池县位于宁夏东部，北与毛乌素沙地相连，南靠黄土高原，总面积约 8 661 km^2，其中草原面积占 80%，虽草原资源丰富，但约 50%的草原为荒漠草原，是宁夏沙化土地面积最大、风沙危害最严重的地区之一。由于干旱风沙区夏季炎热，冬季严寒，春季风大沙多，土壤贫瘠且植被稀疏，加之滥垦、滥采、滥挖及过度放牧等人为因素，造成该地区大面积草地生产力下降，草原生态系统抵御干扰的能力十分脆弱，严重制约着农牧业和社会经济的可持续发展。

近年来风沙区环境的治理被广泛关注，尤其在干旱风沙区植树造林是改善生态环境的重要措施。受地形、地貌、土壤条件、气候及水源等自然因素的影响，本研究在树种的选择上、造林模式上、树种的配置方面开展研究，主要包括抗旱的灌木与乔木，对不同造林树种的区域环境治理效果进行综合评价，旨在探索该立地条件下适宜的造林树种及配置模式，力求资源的合理利用。在干旱风沙区相似区域退耕还林生态工程建设、林业产业发展起到示范带动作用。

一、宁夏干旱风沙区不同造林树种绩效评价体系构建

宁夏干旱风沙区为实现环境的良好转变，采用不同树种改善当地的生态环境。评价体系包括 3 个层次，即目标层、子系统层和指标层。总的目标层为造

林树种绩效综合评价，又从造林树种对净化大气环境、保育土壤、涵养水源、积累营养物质、固碳释氧、防风固沙及保护生物多样性 7 个方面构建造林风沙区绩效评价指标体系，其中，各个子系统绩效包括多个指标层，尽可能体现指标的多样性、综合性和全面性，具体的指标体系详见表 6-1，指标的不同的属性能全面地反映造林树种对环境的综合作用。

表 6-1 干旱风沙区造林树种绩效评价指标体系

评价对象	子对象	指标层	指标性质
造林树种绩效评价综合体系	净化大气环境	2m 温度 C_1（℃）	负指标
		2m 湿度 C_2（%）	正指标
		2mPM2.5C_3（μg/m^3）	负指标
		2mPM10 C_4（μg/m^3）	负指标
		2m 二氧化碳浓度 C_5（mg/kg）	负指标
		降水强度 C_6（mm/min）	正指标
	保育土壤	有机质 C_7（g/kg）	正指标
		全氮 C_8（g/kg）	正指标
		全磷 C_9（g/kg）	正指标
		碱解氮 C_{10}（mg/kg）	正指标
		速效磷 C_{11}（mg/kg）	正指标
		速效钾 C_{12}（mg/kg）	正指标
	涵养水源	水分 C_{13}（%）	正指标
	积累营养物质	单位面积林地土壤固碳量 C_{14}（kg/m^2）	正指标
		地上植株有机碳含量 C_{15}（g/25m^2）	正指标
		地下植株有机碳含量 C_{16}（g/25m^2）	正指标
		植株总含碳量 C_{17}（g/25m^2）	正指标
	固碳释氧	单位面积有机碳含量 C_{18}（kg/m^2）	正指标
		呼吸强度 C_{19}［g/(m^2·h)］	正指标
		负离子数浓度 C_{20}（个/cm^3）	正指标
		正离子数浓度 C_{21}（个/cm^3）	负指标
	防风固沙	2m 风速 C_{22}（m/s）	负指标
		近地表风蚀量 C_{23}（g）	负指标
		地表风蚀量 C_{24}（g）	负指标
	保护生物多样性	Gleason 指数（丰富度指数）.C_{25}	正指标
		Simpson 优势度 C_{26}	正指标
		Shannon-Weiner 多样性指数 C_{27}	正指标
		Pielou 均匀度指数 C_{28}	正指标

二、干旱风沙区造林树种绩效评价方法与模型

1. 造林树种绩效评价指标权重确定方法

指标权重的确定方法通常包括：AHP 法、专家打分法等，赋权具有主观性，而熵权法进行指标赋权可避免主观误差。具体操作步骤如下。

（1）初始指标规范化处理，计算方法如下。

$$r_{ij} = \frac{x_{ij}}{\sum_{j=1}^{n} x_{ij}} \tag{6-1}$$

式中，x_{ij}为不同造林树种绩效评价指标 C_i的指标初始值；r_{ij}为 x_{ij}的规范化值；$i=1, 2, \cdots, m$；$j=1, 2, \cdots, n$；m 为评价指标数；n 为造林树种数。

（2）计算指标熵值，公式如下。

$$e_i = -\frac{\sum_{j=1}^{n} r_{ij} \cdot \ln r_{ij}}{\ln n} \tag{6-2}$$

式中，e_i为第 i 个指标的熵值。

（3）计算指标权重，公式如下。

$$w_i = \frac{1 - e_i}{\sum_{i=1}^{m} (1 - e_i)} \tag{6-3}$$

式中，w_i为第 i 指标的权重，即熵权。

2. 干旱风沙区造林树种绩效评价模型——熵权 TOPSIS 模型

TOPSIS 是一种常见的基于多目标的评价方法，在实际中得到了较为广泛的应用，但是，传统的 TOPSIS 法主要依赖于专家主观意见定权，它可能使评价结果偏离实际，鉴于此，本研究借助熵权，对评价对象和正、负理想解的计算进行了改进，建立熵权 TOPSIS 模型，并借助该模型评价区域土地利用绩效。具体步骤如下。

（1）数据标准化处理。设风沙区不同造林树种绩效初始评价矩阵为

$$X=\begin{bmatrix} x_{11} & x_{12} & \cdots & x_{1n} \\ x_{21} & x_{22} & \cdots & x_{2n} \\ \vdots & \vdots & & \vdots \\ x_{m1} & x_{m2} & \cdots & x_{mn} \end{bmatrix} \tag{6-4}$$

在数据处理过程中，使用极值法得到标准矩阵 P，正指标计算见式（6-5）和负指标计算见式（6-6）。

$$p_{ij}=\frac{x_{ij}-\min(x_{ij})}{\max(x_{ij})-\min(x_{ij})} \tag{6-5}$$

$$p_{ij}=\frac{\max(x_{ij})-x_{ij}}{\max(x_{ij})-\min(x_{ij})} \tag{6-6}$$

据此得到标准化矩阵 $P=[p_{ij}]_{m\cdot n}$。

（2）建立加权决策评价矩阵。以指标权重 w_i 构成权重向量 W，结合标准化矩阵 P，得到加权规范化矩阵 V，计算过程见公式（6-7）。

$$V=P\cdot W=[v_{ij}]\,m\cdot n \tag{6-7}$$

（3）确定正、负理想解 V^+ 和 V^-。

$$V^+=\{\max V_{ij}\mid i=1,2,\cdots,m\}=\{V_1^+,V_2^+,\cdots,V_m^+\} \tag{6-8}$$

$$V^-=\{\min V_{ij}\mid i=1,2,\cdots,m\}=\{V_1^-,V_2^-,\cdots,V_m^-\} \tag{6-9}$$

（4）计算距离。分别计算不同造林树种评价向量到确定正、负理想解 V^+ 和 V^- 的距离 D_j^+ 和 D_j^-，具体公式如下。

$$D_j^+=\sqrt{\sum_{i=1}^{m}(V_i^+-V_{ij})^2} \tag{6-10}$$

$$D_j^-=\sqrt{\sum_{i=1}^{m}(V_i^--V_{ij})^2} \tag{6-11}$$

（5）计算贴进度。贴进度通常用 T_j 表示，表征不同造林树种评价目标与最优方案的接近程度，取值范围为［0，1］，其值越大，表示区域土地利用绩效越靠近最优水平，计算公式如下。

$$T_j=\frac{D_j^-}{D_j^++D_j^-} \tag{6-12}$$

第二节 基于TOPSIS法对灌木造林树种及配置模式的综合评价

一、不同灌木造林树种各指标权重的确定

评价体系指标层权重的确定采用熵权求得，利用式（6-1）至式（6-3）计算得到各指标的权重（表6-2），熵权法是一种由待评价指标来确定指标权重的一种客观评价法，具有较强的操作性，能够有效反映数据隐含的信息，增强指标的差异性和分辨性，以避免选取指标的差异过小而造成的分析不清，从而达到全面反映各类信息的目的。

表6-2 灌木造林综合评价指标权重

指标	权重	指标	权重	指标	权重	指标	权重
2m温度（℃）	0.003 4	全氮(g/kg)	0.083 5	地上植株有机碳含量($g/25m^2$)	0.118 4	2m风速(m/s)	0.010 3
2m湿度(%)	0.000 3	全磷(g/kg)	0.078 2	地下植株有机碳含量($g/25m^2$)	0.166 3	近地表风蚀量(g)	0.072 5
2mPM2.5($\mu g/m^3$)	0.015 8	碱解氮(mg/kg)	0.008 3	植株总含碳量($g/25m^2$)	0.120 1	地表风蚀量(g)	0.055 8
2mPM10($\mu g/m^3$)	0.013 9	速效磷(mg/kg)	0.010 0	单位面积有机碳含量(kg/m^2)	0.1094	Gleason指数(丰富度指数)	0.0082
2m二氧化碳浓度(mg/kg)	0.000 1	速效钾(mg/kg)	0.011 6	呼吸强度[$g/(m^2 \cdot h)$]	0.021 4	Simpson优势度	0.007 7
降水强度(mm/min)	0.000 3	水分(%)	0.006 2	负离子数浓度(个$/cm^3$)	0.015 7	Shannon - Weiner多样性指数	0.010 2
有机质(g/kg)	0.009 5	单位面积林地土壤固碳量(kg/m^2)	0.020 5	正离子数浓度(个$/cm^3$)	0.011 8	Pielou均匀度指数	0.010 8

二、不同灌木造林树种各评价指标的标准化

根据初始指标评价矩阵，所选指标的正、负性见表 6-1，依据式（6-5）至式（6-6）计算得到评价指标的标准化值，见表 6-3。

表 6-3　灌木造林树种各评价指标的标准化

评价指标	半流动沙丘	放牧地	封育草场	苜蓿	旱地	杨柴	沙柳（密）	沙蒿	花棒（稀）	柠条 3m×6m	柠条 1m×4m	柠条 2m×8m	柠条苜蓿套种	沙打旺（高）	柠条（中）	沙蒿（低）
C_1	0	0	0	0	0	1	1	1	1	1	1	1	1	1	1	1
C_2	0	0	0	0	0	1	1	1	1	1	1	1	1	1	1	1
C_3	0	0	0	0	0	1	1	1	1	1	1	1	1	1	1	1
C_4	1	1	1	1	1	0	0	0	0	0	0	0	0	0	0	0
C_5	1	1	1	1	1	0	0	0	0	0	0	0	0	0	0	0
C_6	1	1	1	1	1	0	0	0	0	0	0	0	0	0	0	0
C_7	0.371	0.429	0.457	0.571	0.392	0.000	0.195	0.550	0.778	1.000	0.132	0.676	0.095	0.250	0.250	0.128
C_8	0.070	0.061	0.078	0.102	0.097	0.027	0.047	1.000	0.019	0.135	0.071	0.076	0.065	0.003	0.003	0.000
C_9	0.010	0.003	0.006	0.062	0.145	0.006	0.000	1.000	0.003	0.044	0.029	0.015	0.004	0.016	0.016	0.024
C_{10}	0.000	0.186	0.358	0.339	0.158	0.076	0.238	0.130	0.082	1.000	0.277	0.245	0.191	0.043	0.043	0.087
C_{11}	0.105	0.095	0.234	0.024	1.000	0.255	0.243	0.373	0.000	0.029	0.232	0.008	0.103	0.036	0.036	0.132
C_{12}	0.127	0.564	0.548	0.368	0.275	1.000	0.936	0.332	0.108	0.052	0.406	0.454	0.884	0.000	0.000	0.030
C_{13}	0.464	0.651	0.481	0.261	1.000	0.202	0.196	0.965	0.173	0.465	0.614	0.394	0.000	0.057	0.413	0.333
C_{14}	0.245	0.682	0.493	0.123	0.000	0.217	0.730	0.387	0.583	1.000	0.483	0.735	1.000	0.409	0.256	0.288
C_{15}	0.000	0.046	0.088	0.000	0.000	0.026	0.711	0.042	1.000	0.402	0.129	0.276	0.402	0.150	0.018	0.001
C_{16}	0.000	0.081	0.073	0.000	0.000	0.018	1.000	0.019	0.089	0.188	0.092	0.060	0.188	0.011	0.012	0.001
C_{17}	0.000	0.074	0.096	0.000	0.000	0.026	1.000	0.038	0.700	0.363	0.133	0.212	0.363	0.104	0.018	0.002
C_{18}	0.000	0.074	0.098	0.036	0.026	0.027	1.000	0.039	0.699	0.363	0.133	0.211	0.363	0.105	0.019	0.001
C_{19}	0.000	0.304	0.203	0.203	0.304	0.406	0.449	0.174	1.000	0.797	0.203	0.232	0.797	0.290	0.232	0.101
C_{20}	0.167	0.705	1.000	0.904	0.976	0.404	0.211	0.927	0.476	0.000	0.547	0.693	1.000	0.006	0.319	0.234
C_{21}	0.113	0.569	0.000	0.719	0.113	0.575	0.423	0.358	1.000	0.897	0.957	0.270	0.000	0.597	0.855	0.912
C_{22}	0	0	0	0	0	1	1	1	1	1	1	1	1	1	1	1

（续表）

评价指标	半流动沙丘	放牧地	封育草场	苜蓿	旱地	杨柴	沙柳（密）	沙蒿	花棒（稀）	柠条 3m×6m	柠条 1m×4m	柠条 2m×8m	柠条苜蓿套种	沙打旺（高）	柠条（中）	沙蒿（低）
C_{23}	0	0.919	1	1	0.919	1	1	1	1	1	1	1	1	1	1	1
C_{24}	0	0	1	1	0	1	1	1	1	1	1	1	1	1	1	1
C_{25}	0.000	0.528	1.000	0.528	0.528	0.525	0.525	0.600	0.501	0.670	0.776	0.875	0.325	0.251	0.077	0.200
C_{26}	0.808	0.346	0.692	0.346	0.346	0.115	0.000	0.038	0.154	0.154	0.269	0.231	1.000	0.308	0.615	0.808
C_{27}	0.364	0.191	0.156	0.191	0.191	0.649	1.000	0.693	0.929	0.556	0.471	0.400	0.000	0.462	0.338	0.333
C_{28}	0.747	0.176	0.077	0.176	0.176	0.637	1.000	0.670	0.945	0.505	0.363	0.308	0.000	0.604	0.429	0.473

三、不同灌木造林树种 TOPSIS 综合评价结果

结合表 6-2 和表 6-3，根据式（6-7）至式（6-12）计算得到干旱风沙区灌木造林生态环境改善绩效如表 6-4 所示。综合绩效分析显示，灌木造林对干旱风沙区。

表 6-4　干旱风沙区灌木造林树种绩效评价结果及排序

评价对象	净化大气环境	保育土壤	涵养水源	积累营养物质	固碳释氧	防风固沙	保护生物多样性	贴近度	贴近度排序
沙柳（密）	0.538	0.097	0.196	0.865	0.857	1.000	0.641	0.689	1
花棒（稀）	0.538	0.063	0.173	0.484	0.704	1.000	0.652	0.494	2
柠条 3m×6m	0.538	0.141	0.465	0.304	0.384	1.000	0.492	0.377	3
柠条苜蓿套种	0.538	0.096	0.000	0.304	0.394	1.000	0.340	0.373	4
沙蒿	0.538	0.898	0.965	0.045	0.131	1.000	0.545	0.370	5
柠条 2m×8m	0.538	0.089	0.394	0.183	0.228	1.000	0.443	0.304	6
柠条 1m×4m	0.538	0.073	0.614	0.120	0.177	1.000	0.463	0.282	7
封育草场	0.462	0.089	0.481	0.093	0.162	0.899	0.426	0.271	8
沙打旺（高）	0.538	0.023	0.057	0.095	0.129	1.000	0.447	0.267	9
杨柴	0.538	0.096	0.202	0.029	0.108	1.000	0.525	0.255	10
苜蓿	0.462	0.104	0.261	0.010	0.141	0.899	0.296	0.252	11

（续表）

评价对象	净化大气环境	保育土壤	涵养水源	积累营养物质	固碳释氧	防风固沙	保护生物多样性	贴近度	贴近度排序
柠条（中）	0.538	0.023	0.413	0.027	0.103	1.000	0.380	0.251	12
沙蒿（低）	0.538	0.023	0.333	0.024	0.094	1.000	0.445	0.249	13
放牧地	0.462	0.078	0.651	0.091	0.139	0.539	0.296	0.213	14
旱地	0.462	0.150	1.000	0.000	0.135	0.539	0.296	0.203	15
半流动沙丘	0.462	0.060	0.464	0.021	0.025	0.000	0.499	0.063	16

境改善结果明显，且造林后环境向好的方向转变，排序结果均大于放牧地（0.231）、旱地（0.203）和半流动沙丘（0.063），造林灌木沙柳和花棒综合效益是半流动沙丘的11倍和7.89倍，是旱地的3.40倍和2.44倍；不同灌木造林后对环境的改善也呈现较大的差异，排序大小为沙柳（密）（0.689）>花棒（稀）（0.494）>柠条3m×6m（0.377）>柠条苜蓿套种（0.373）>沙蒿（0.370）>柠条2m×8m（0.304）>柠条1m×4m（0.282）>封育草场（0.271）>沙打旺（高）（0.267）>杨柴（0.255）>苜蓿（0.252）>柠条（中）（0.251）>沙蒿（低）（0.249），总之，TOPSIS评价发现灌木造林可以改善当地的生态环境。

1. 综合绩效分析

通过对16种干旱风沙区灌木造林树种绩效评价的贴近度进行了排序，其中沙柳（密）的植被地的贴近度最高，为0.689，半流动沙丘的植被地贴近度最低，为0.063。贴近度>0.3的占比为37.50%，0.2<贴近度<0.3的占比为56.25%，<0.2的占比为6.25%。不同灌木造林评价结果也存在较大的差异，密植沙柳对环境的综合治理效果更佳，沙柳是固沙先锋生态树种，并且具有很强的萌蘖能力，造林后可在生态效益和经济效益均实现效益的最大化，沙柳对水分的需求较多，造林后若不适时抚育更新，会枝条老化、枯死，影响萌蘖生长的现象。花棒评价效益稍低于沙柳，但花棒同样也是先锋固沙灌木，有研究表明，种植5年的花棒和沙柳，花棒整株根系的生物力学特性要优于沙柳，整体固沙能力更强，如果单从防风固沙的能力考虑，花棒也能起到显著固沙能力。

2. 不同功能绩效分析

灌木造林对区域净化大气环境具有很好的改善作用，灌木造林综合指数为0.538，未造林处理指数为0.462，灌木造林后增加了16.37%；土壤养分的变化相对植被变化缓慢，封育沙蒿造林具有较高的土壤保育作用，为0.898，最小的为低密度的沙蒿群落为0.023，不加干扰是草地恢复的常见措施，可见长期的不干扰有利于土壤的恢复；在涵养水源方面，封育沙蒿同样具有较高的综合指数，为0.965，仅次于旱地，柠条苜蓿均为高耗水灌木，两者的套种处理涵养水源能力最低；密植的沙柳具有更高的积累营养物质的能力，综合指数为0.865，反而耕作的旱地积累营养物质的能力最低，持续的耕作不利于营养物质的积累；同样密植的沙柳具有较高的固碳释氧功能，为0.875，半流动沙丘固碳释氧功能最小，为0.025，密植沙柳后，固碳释氧能力提高了32.78%；相比未造林的处理，造林显著起到了防风固沙的能力；在保护生物多样性方面，稀疏的花棒和密植的沙柳均高于其他处理，综合指数方别为0.652和0.641，稀疏的花棒保护生物多样性最高，最小的是旱地为0.296，相比造林花棒增加了120.25%。

第三节　基于TOPSIS法对乔木造林树种的综合评价

一、不同乔木造林树种各指标权重的确定

评价体系指标层权重的确定采用熵权求得，利用式（6-1）至式（6-3）计算得到各指标的权重（表6-5），熵权法是一种由待评价指标来确定指标权重的一种客观评价法，具有较强的操作性，能够有效反映数据隐含的信息，增强指标的差异性和分辨性，以避免选取指标的差异过小而造成的分析不清，从而达到全面反映各类信息的目的。

表 6-5　乔木造林树种评价指标权重

指标	权重	指标	权重	指标	权重	指标	权重
2m 温度(℃)	0.002 9	全氮(g/kg)	0.273 2	地上植株有机碳含量(g/25m²)	0.107 2	2m 风速(m/s)	0.009 0
2m 湿度(%)	0.000 2	全磷(g/kg)	0.060 7	地下植株有机碳含量(g/25m²)	0.074 6	近地表风蚀量(g)	0.033 1
2mPM 2.5(μg/m³)	0.013 8	碱解氮(mg/kg)	0.009 2	植株总含碳量(g/25m²)	0.091 6	地表风蚀量(g)	0.047 9
2mPM10(μg/m³)	0.011 6	速效磷(mg/kg)	0.009 5	单位面积有机碳含量(kg/m²)	0.099 3	Gleason 指数(丰富度指数)	0.005 9
2m 二氧化碳浓度(mg/kg)	0.000 1	速效钾(mg/kg)	0.005 3	呼吸强度[g/(m²·h)]	0.0159	Simpson 优势度	0.014 8
降水强度(mm/min)	0.000 2	水分(%)	0.005 0	负离子数浓度(个/cm³)	0.031 6	Shannon-Weiner 多样性指数	0.024 1
有机质(g/kg)	0.003 6	单位面积林地土壤固碳量(kg/m²)	0.014 0	正离子数浓度(个/cm³)	0.011 1	Pielou 均匀度指数	0.024 7

二、不同乔木造林树种各评价指标的标准化

根据初始指标评价矩阵，所选指标的正、负性见表 6-1，依据式（6-5）至式（6-6）计算得到评价指标的标准化值，见表 6-6。

表 6-6　干旱风沙区乔木造林树种各评价指标的标准化

评价指标	半流动沙丘	放牧地	封育草场	苜蓿	旱地	樟子松(稀)	樟子松(密)	樟子松	沙枣	旱柳	柽柳	山杏	榆树(稀)	榆树(密)	小叶杨	新疆杨	刺槐
C_1	0.000	0.000	0.000	0.000	0.000	1.000	1.000	1.000	1.000	1.000	1.000	1.000	1.000	1.000	1.000	1.000	1.000
C_2	0.000	0.000	0.000	0.000	0.000	1.000	1.000	1.000	1.000	1.000	1.000	1.000	1.000	1.000	1.000	1.000	1.000
C_3	0.000	0.000	0.000	0.000	0.000	1.000	1.000	1.000	1.000	1.000	1.000	1.000	1.000	1.000	1.000	1.000	1.000
C_4	1.000	1.000	1.000	1.000	1.000	0.000	0.000	0.000	0.000	0.000	0.000	0.000	0.000	0.000	0.000	0.000	0.000
C_5	1.000	1.000	1.000	1.000	1.000	0.000	0.000	0.000	0.000	0.000	0.000	0.000	0.000	0.000	0.000	0.000	0.000

（续表）

评价指标	半流动沙丘	放牧地	封育草场	苜蓿	旱地	樟子松(稀)	樟子松(密)	樟子松	沙枣	旱柳	柽柳	山杏	榆树(稀)	榆树(密)	小叶杨	新疆杨	刺槐
C_6	1.000	1.000	1.000	1.000	1.000	0.000	0.000	0.000	0.000	0.000	0.000	0.000	0.000	0.000	0.000	0.000	0.000
C_7	0.357	0.436	0.474	0.629	0.386	0.650	0.178	0.492	0.208	0.686	0.346	0.000	0.774	1.000	0.574	0.167	0.260
C_8	0.005	0.004	0.005	0.007	0.007	0.003	0.001	0.000	0.005	0.004	0.002	0.003	0.005	1.000	0.045	0.002	0.005
C_9	0.006	0.000	0.003	0.055	0.134	0.016	0.010	0.036	0.054	0.049	0.032	0.023	0.025	0.345	1.000	0.014	0.027
C_{10}	0.000	0.197	0.380	0.360	0.168	0.327	0.098	0.019	0.853	0.897	0.737	0.600	0.731	0.392	0.253	0.064	1.000
C_{11}	0.173	0.163	0.292	0.098	1.000	0.052	0.181	0.106	0.316	0.106	0.201	0.167	0.084	0.000	0.292	0.167	0.110
C_{12}	0.215	0.856	0.833	0.569	0.432	0.088	0.282	0.057	0.470	0.387	0.481	0.407	0.000	1.000	0.833	0.649	0.116
C_{13}	0.437	0.634	0.455	0.225	1.000	0.090	0.102	0.181	0.496	0.777	0.774	0.707	0.286	0.128	0.683	0.000	0.459
C_{14}	0.288	0.799	0.577	0.144	0.000	0.820	0.923	0.303	0.661	0.584	0.397	0.260	0.928	1.000	0.588	0.742	0.620
C_{15}	0.000	0.012	0.023	0.000	0.000	0.077	0.174	0.015	0.055	0.264	0.099	0.034	0.218	0.189	0.925	0.397	1.000
C_{16}	0.000	0.069	0.062	0.000	0.000	0.102	0.173	0.007	0.608	0.529	0.308	0.069	0.385	0.339	1.000	0.113	0.485
C_{17}	0.000	0.025	0.033	0.000	0.000	0.088	0.185	0.014	0.179	0.338	0.151	0.043	0.269	0.234	1.000	0.361	0.951
C_{18}	0.000	0.026	0.034	0.012	0.009	0.030	0.046	0.004	0.178	0.339	0.189	0.043	0.269	0.234	1.000	0.361	0.951
C_{19}	0.000	0.250	0.167	0.167	0.250	0.690	0.583	0.190	0.619	0.619	0.512	0.369	0.690	0.690	0.429	1.000	0.905
C_{20}	0.099	0.348	0.484	0.440	0.473	0.042	0.000	0.224	0.579	0.052	0.086	0.356	0.032	0.038	1.000	0.207	0.047
C_{21}	0.121	0.609	0.000	0.769	0.121	0.973	0.939	0.876	0.993	0.971	0.894	0.850	0.835	1.000	0.220	0.776	0.927
C_{22}	0.000	0.000	0.000	0.000	0.000	1.000	1.000	1.000	1.000	1.000	1.000	1.000	1.000	1.000	1.000	1.000	1.000
C_{23}	0.000	0.919	1.000	1.000	0.919	0.909	0.909	0.909	0.909	0.909	0.909	0.909	0.909	0.909	0.909	0.909	0.909
C_{24}	0.000	0.000	1.000	1.000	0.000	0.996	0.996	0.996	0.996	0.996	0.996	0.996	0.996	0.996	0.996	0.996	0.996
C_{25}	0.000	0.469	0.889	0.469	0.469	0.756	1.000	0.488	0.334	0.422	0.955	0.745	0.445	0.578	0.756	0.512	0.313
C_{26}	0.879	0.515	0.788	0.515	0.515	0.000	0.091	0.030	1.000	0.848	0.636	0.242	0.727	0.636	0.212	0.545	0.788
C_{27}	0.500	0.354	0.325	0.354	0.354	0.392	0.660	0.810	0.000	0.190	0.190	0.817	0.332	0.504	1.000	0.978	0.019
C_{28}	0.867	0.371	0.286	0.371	0.371	0.352	0.562	0.857	0.000	0.210	0.152	0.762	0.352	0.486	0.933	1.000	0.019

三、不同乔木造林树种 TOPSIS 综合评价结果

结合表 6-5 和表 6-6，根据式（6-7）至式（6-12）计算得出干旱风

沙区乔木造林生态环境改善绩效如表6-7所示。乔木植树造林综合效益显示，造林能显著改善该区域的生态环境，综合绩效值均大于封育草场（0.162）、苜蓿（0.159）、旱地（0.109）、放牧地（0.108）和半流动沙丘（0.082）。不同乔木TOPSIS评价结果显示，乔木综合绩效排序为榆树（密）>小叶杨>刺槐>新疆杨>旱柳>榆树（稀）>沙枣>柽柳>樟子松（密）>山杏>樟子松>樟子松（稀），榆树绩效评分最高为0.649，是半流动沙丘的7.89倍，是放牧地的6.03倍，是旱地的5.97倍，是苜蓿地的4.08倍，是封育草地的4倍；仅次于榆树的是小叶杨，综合绩效得分为0.442，与半流动沙丘相比是其5.38倍。

表6-7　干旱风沙区乔木造林树种绩效评价结果及排序

评价对象	净化大气环境	保育土壤	涵养水源	积累营养物质	固碳释氧	防风固沙	保护生物多样性	贴进度	贴近度排序
榆树（密）	0.549	0.869	0.128	0.253	0.254	0.950	0.518	0.649	1
小叶杨	0.549	0.193	0.683	0.940	0.893	0.950	0.740	0.442	2
刺槐	0.549	0.033	0.459	0.786	0.759	0.950	0.257	0.391	3
新疆杨	0.549	0.014	0.000	0.337	0.373	0.950	0.827	0.240	4
旱柳	0.549	0.033	0.777	0.355	0.337	0.950	0.343	0.231	5
榆树（稀）	0.549	0.026	0.286	0.284	0.278	0.950	0.410	0.209	6
沙枣	0.549	0.033	0.496	0.276	0.262	0.950	0.301	0.208	7
柽柳	0.549	0.027	0.774	0.179	0.211	0.950	0.300	0.181	8
樟子松（密）	0.549	0.009	0.102	0.191	0.128	0.950	0.535	0.180	9
山杏	0.549	0.022	0.707	0.051	0.144	0.950	0.673	0.169	10
樟子松	0.549	0.011	0.181	0.029	0.108	0.950	0.647	0.165	11
樟子松（稀）	0.549	0.014	0.09	0.110	0.135	0.950	0.341	0.164	12
封育草场	0.451	0.023	0.455	0.062	0.138	0.866	0.406	0.162	13
苜蓿	0.451	0.022	0.225	0.012	0.142	0.866	0.390	0.159	14
旱地	0.451	0.045	1.000	0.000	0.133	0.384	0.390	0.109	15
放牧地	0.451	0.019	0.634	0.075	0.121	0.384	0.390	0.108	16
半流动沙丘	0.451	0.010	0.437	0.025	0.031	0.000	0.666	0.082	17

1. 综合绩效分析

乔木造林树种除樟子松外，其他均为落叶乔木。榆树是喜光树种，耐寒性强，在冬季绝对低温的严寒地区也能生长；抗旱性强，在年降水量不足200mm，空气相对湿度50%以下的荒漠地区，能正常生长；耐盐碱性较强，pH值为9时，尚能生长，但不耐水湿。榆树属深根性树种，抗风。榆树具有生长快、寿命长的特性，可以作为首先选择的乔木树种。另外，此次TOPSIS综合评价未包括乔木树种的成活率和保存率，该区域种植的樟子松具有很高的成活率，可以达到85%~95%，针叶树种相比阔叶树种生长较缓慢，应实际考虑当地的气候条件，适地适树植树造林。

2. 不同功能绩效分析

乔木造林净化大气环境综合指数为0.549，未造林处理综合指数为0.451，增加了21.91%；密植榆树显著提高土壤的肥力，保育土壤综合指数为0.869，相比最小的密植樟子松0.009显著增加；不同乔木造林涵养水源方面以旱地最高，仅次于旱地的为旱柳（0.777）、柽柳（0.774）和山杏（0.707），最小的是新疆杨，小叶杨具有更高的积累营养物质的能力，为0.940，旱地的最小；小叶杨一样具有较高的固碳释氧功能，相比最小半流动沙丘综合指数0.031显著增加；乔木造林显著增加区域的防风固沙能力，除半流动沙丘、旱地和放牧地，防风固沙综合指数均大于0.866，乔木造林防风固沙指数为0.950；在保护生物多样性方面，新疆杨指数最高，为0.827，乔木造林刺槐的保护生物多样性指数最低0.257。

第四节　基于TOPSIS法对乔木和灌木造林树种的综合评价

一、不同造林树种各指标权重的确定

评价体系指标层权重的确定采用熵权求得，利用式（6-1）至式（6-3）计算得到各指标的权重（表6-8），熵权法是一种由待评价指标来确定指

标权重的一种客观评价法，具有较强的操作性，能够有效反映数据隐含的信息，增强指标的差异性和分辨性，以避免选取指标的差异过小而造成的分析不清，从而达到全面反映各类信息的目的。

表 6-8　干旱风沙区造林树种各指标的权重

指标	权重	指标	权重	指标	权重	指标	权重
2m 温度(℃)	0.002 2	全氮(g/kg)	0.274 4	地上植株有机碳含量(g/25m^2)	0.109 4	2m 风速(m/s)	0.007 1
2m 湿度(%)	0.000 1	全磷(g/kg)	0.067 9	地下植株有机碳含量(g/25m^2)	0.091 6	近地表风蚀量(g)	0.034 3
2mPM2.5(μg/m^3)	0.011 3	碱解氮(mg/kg)	0.009 8	植株总含碳量(g/25m^2)	0.096 2	地表风蚀量(g)	0.040 3
2mPM10(μg/m^3)	0.007 0	速效磷(mg/kg)	0.006 9	单位面积有机碳含量(kg/m^2)	0.101 2	Gleason 指数(丰富度指数)	0.006 2
2m 二氧化碳浓度(kg/kg)	0.000 1	速效钾(mg/kg)	0.008 8	呼吸强度[g/(m^2·h)]	0.016 9	Simpson 优势度	0.012 0
降水强度(mm/min)	0.000 2	水分(%)	0.005 3	负离子数浓度(个/cm^3)	0.025 0	Shannon-Weiner 多样性指数	0.017 4
有机质(g/kg)	0.006 7	单位面积林地土壤固碳量(kg/m^2)	0.012 9	正离子数浓度(个/cm^3)	0.010 9	Pielou 均匀度指数	0.017 8

二、不同造林树种各评价指标的标准化

根据初始指标评价矩阵，所选指标的正、负性见表 6-1，依据式（6-5）至式（6-6）计算得到评价指标的标准化值，见表 6-9。

三、干旱风沙区不同造林树种 TOPSIS 综合评价结果

结合表 6-8 和表 6-9，根据式（6-7）至式（6-12）计算得出干旱风沙区不同造林树种对生态环境改善绩效如表 6-10 所示。干旱风沙区造林植树可改善半流动沙丘的区域环境，但不同树种对环境的改善综合绩效得分差异较大，

表 6-9　干旱风沙区不同造林树种各评价指标的标准化

评价对象	C_1	C_2	C_3	C_4	C_5	C_6	C_7	C_8	C_9	C_{10}	C_{11}	C_{12}	C_{13}	C_{14}	C_{15}	C_{16}	C_{17}	C_{18}	C_{19}	C_{20}	C_{21}	C_{22}	C_{23}	C_{24}	C_{25}	C_{26}	C_{27}	C_{28}
半流动沙丘	0	0	0	1	1	1	0.371	0.005	0.009	0.000	0.173	0.144	0.464	0.245	0.000	0.000	0.000	0.000	0.000	0.099	0.113	0.000	0.000	0.000	0.000	0.853	0.484	0.798
放牧地	0	0	0	1	1	1	0.429	0.004	0.003	0.186	0.163	0.572	0.651	0.682	0.012	0.069	0.025	0.026	0.250	0.348	0.569	0.000	0.919	0.000	0.469	0.500	0.343	0.342
封育草场	0	0	0	1	1	1	0.457	0.006	0.006	0.358	0.292	0.557	0.481	0.493	0.023	0.062	0.033	0.034	0.167	0.484	0.000	0.000	1.000	1.000	0.889	0.765	0.314	0.263
苜蓿	0	0	0	1	1	1	0.571	0.007	0.058	0.339	0.098	0.380	0.261	0.123	0.000	0.000	0.000	0.012	0.167	0.440	0.719	0.000	1.000	1.000	0.469	0.500	0.343	0.342
旱地	0	0	0	1	1	1	0.392	0.007	0.136	0.158	1.000	0.289	1.000	0.000	0.000	0.000	0.000	0.009	0.250	0.473	0.113	0.000	0.919	0.000	0.469	0.500	0.343	0.342
杨柴	1	1	1	0	0	0	0.000	0.002	0.005	0.076	0.312	1.000	0.202	0.217	0.007	0.015	0.009	0.009	0.333	0.209	0.575	1.000	1.000	1.000	0.467	0.324	0.715	0.711
沙柳（密）	1	1	1	0	0	0	0.195	0.003	0.000	0.238	0.300	0.937	0.196	0.730	0.189	0.849	0.345	0.346	0.369	0.119	0.423	1.000	1.000	1.000	0.467	0.235	1.000	1.000
沙蒿	1	1	1	0	0	0	0.550	0.073	0.942	0.130	0.421	0.344	0.965	0.387	0.011	0.016	0.013	0.013	0.143	0.451	0.358	1.000	1.000	1.000	0.533	0.265	0.751	0.737
花棒（稀）	1	1	1	0	0	0	0.778	0.001	0.003	0.082	0.076	0.125	0.173	0.583	0.266	0.076	0.242	0.242	0.821	0.242	1.000	1.000	1.000	1.000	0.445	0.353	0.942	0.956
柠条 3m×6m	1	1	1	0	0	0	1.000	0.010	0.042	1.000	0.102	0.070	0.465	1.000	0.107	0.160	0.125	0.126	0.655	0.022	0.897	1.000	1.000	1.000	0.595	0.353	0.639	0.605
柠条 1m×4m	1	1	1	0	0	0	0.132	0.005	0.027	0.277	0.290	0.417	0.614	0.483	0.034	0.078	0.046	0.046	0.167	0.275	0.957	1.000	1.000	1.000	0.690	0.441	0.570	0.491
柠条 2m×8m	1	1	1	0	0	0	0.676	0.006	0.014	0.245	0.083	0.464	0.394	0.735	0.074	0.051	0.073	0.073	0.190	0.342	0.270	1.000	1.000	1.000	0.777	0.412	0.513	0.447
柠条苜蓿套种	1	1	1	0	0	0	0.095	0.005	0.004	0.191	0.171	0.886	0.000	1.000	0.107	0.160	0.125	0.126	0.655	0.484	0.000	1.000	1.000	1.000	0.289	1.000	0.188	0.202
沙打旺（高）	1	1	1	0	0	0	0.250	0.000	0.015	0.043	0.109	0.018	0.057	0.409	0.040	0.009	0.036	0.036	0.238	0.024	0.597	1.000	1.000	1.000	0.223	0.471	0.563	0.684
柠条（中）	1	1	1	0	0	0	0.250	0.000	0.015	0.043	0.109	0.018	0.413	0.256	0.005	0.010	0.006	0.007	0.190	0.169	0.855	1.000	1.000	1.000	0.069	0.706	0.462	0.544
沙蒿（低）	1	1	1	0	0	0	0.128	0.000	0.023	0.087	0.198	0.047	0.333	0.288	0.000	0.001	0.001	0.001	0.083	0.130	0.912	1.000	1.000	1.000	0.178	0.853	0.458	0.579

（续表）

评价对象	C_1	C_2	C_3	C_4	C_5	C_6	C_7	C_8	C_9	C_{10}	C_{11}	C_{12}	C_{13}	C_{14}	C_{15}	C_{16}	C_{17}	C_{18}	C_{19}	C_{20}	C_{21}	C_{22}	C_{23}	C_{24}	C_{25}	C_{26}	C_{27}	C_{28}
樟子松（稀）	1	1	1	0	0	0	0.586	0.003	0.019	0.308	0.052	0.059	0.133	0.700	0.077	0.102	0.088	0.030	0.690	0.042	0.910	1.000	0.909	0.996	0.756	0.000	0.379	0.325
樟子松（密）	1	1	1	0	0	0	0.240	0.002	0.013	0.092	0.181	0.188	0.144	0.787	0.174	0.173	0.185	0.046	0.583	0.000	0.878	1.000	0.909	0.996	1.000	0.088	0.639	0.518
樟子松	1	1	1	0	0	0	0.471	0.000	0.039	0.017	0.106	0.038	0.219	0.258	0.015	0.007	0.014	0.004	0.190	0.224	0.819	1.000	0.909	0.996	0.488	0.029	0.783	0.789
沙枣	1	1	1	0	0	0	0.262	0.005	0.056	0.803	0.316	0.314	0.520	0.564	0.055	0.608	0.179	0.178	0.619	0.579	0.928	1.000	0.909	0.996	0.334	0.971	0.000	0.000
旱柳	1	1	1	0	0	0	0.613	0.005	0.052	0.844	0.106	0.258	0.787	0.498	0.264	0.529	0.338	0.339	0.619	0.052	0.907	1.000	0.909	0.996	0.422	0.824	0.184	0.193
柽柳	1	1	1	0	0	0	0.363	0.003	0.035	0.694	0.201	0.322	0.785	0.339	0.099	0.308	0.151	0.189	0.512	0.086	0.836	1.000	0.909	0.996	0.955	0.618	0.184	0.140
山杏	1	1	1	0	0	0	0.109	0.003	0.026	0.565	0.167	0.272	0.720	0.222	0.034	0.069	0.043	0.043	0.369	0.356	0.794	1.000	0.909	0.996	0.745	0.235	0.791	0.702
榆树（稀）	1	1	1	0	0	0	0.677	0.006	0.028	0.689	0.084	0.000	0.319	0.791	0.218	0.385	0.269	0.269	0.690	0.032	0.780	1.000	0.909	0.996	0.445	0.706	0.321	0.325
榆树（密）	1	1	1	0	0	0	0.843	1.000	0.347	0.369	0.000	0.668	0.169	0.853	0.189	0.339	0.234	0.234	0.690	0.038	0.935	1.000	0.909	0.996	0.578	0.618	0.487	0.447
小叶杨	1	1	1	0	0	0	0.530	0.046	1.000	0.238	0.292	0.557	0.698	0.502	0.925	1.000	1.000	1.000	0.429	1.000	0.206	1.000	0.909	0.996	0.756	0.206	0.968	0.860
新疆杨	1	1	1	0	0	0	0.232	0.003	0.017	0.061	0.167	0.434	0.047	0.633	0.397	0.113	0.361	0.361	1.000	0.207	0.725	1.000	0.909	0.996	0.512	0.529	0.946	0.921
刺槐	1	1	1	0	0	0	0.300	0.005	0.030	0.941	0.110	0.078	0.485	0.529	1.000	0.485	0.951	0.951	0.905	0.047	0.866	1.000	0.909	0.996	0.313	0.765	0.018	0.018

TOPSIS 综合评价结果显示，榆树（密）（0.640）>小叶杨（0.452）>刺槐（0.394）>沙柳（密）（0.266）>旱柳（0.231）>新疆杨（0.225）>沙蒿（0.218）>沙枣（0.208）>榆树（稀）（0.203）>花棒（稀）（0.193）>柽柳（0.172）>柠条 3m×6m（0.168）>柠条苜蓿套种（0.165）>樟子松（密）（0.164）>柠条 2m×8m（0.151）>柠条 1m×4m（0.149）>樟子松（稀）（0.148）>山杏（0.148）>杨柴（0.146）>沙打旺高（0.145）>封育草场（0.144）>沙蒿（低）（0.144）>柠条中（0.143）>樟子松（0.143）>苜蓿（0.141）>旱地（0.101）>放牧地（0.100）>半流动沙丘（0.058）。灌木造林树种以密植的沙柳综合得分较高，但仍低于乔木的密植榆树、小叶杨及刺槐，是密植灌木沙柳综合效益的 2.41 倍、1.70 倍和 1.48 倍。

1. 综合绩效分析

干旱风沙区植被的覆盖均能提高该区域的生态环境，改善当地的环境状况，就得分最高的密植榆树造林，分别是半流动沙丘的 11.07 倍、放牧地的 6.39 倍、旱作农地的 6.36 倍、人工种植苜蓿地的 4.53 倍；密植灌木沙柳是半流动沙丘的 4.60 倍、放牧地的 2.66 倍、旱作农地的 2.64 倍、人工种植苜蓿地的 1.88 倍。

2. 不同功能分析

造林树种不同功能分析显示，造林有利于净化大气环境，造林指数为 0.621，相比增加了 64.1%；密植乔木榆树有利于提高土壤保育功能，为 0.858，综合指数显著高于其他处理；在涵养水源方面，旱地最高，最小的为柠条苜蓿套种处理，稍低于旱地的处理是封育沙蒿，为 0.965；乔木小叶杨和刺槐具有很高的积累营养物质和固碳释氧的能力，分别为 0.941、0.758 和 0.890、0.801，远大于其他处理；相比未造林处理，造林有利于防风固沙，新疆杨、稀疏花棒、密植沙柳和小叶杨保护生物多样性指数较高，分别为 0.786、0.738、0.721 和 0.700。

因此单就乔木与灌木的造林成效来看，不同的造林树种间还具有较大的差异，对于树种的选择上还应适地适树，考虑前期的造林成本，后期的成林抚育，依据具体树种的功能合理选择，因地制宜造林。

表 6-10　干旱风沙区不同造林树种绩效评价结果及排序

评价对象	净化大气环境	保育土壤	涵养水源	积累营养物质	固碳释氧	防风固沙	保护生物多样性	贴近度	贴近度排序
榆树（密）	0.621	0.858	0.169	0.256	0.258	0.942	0.499	0.640	1
小叶杨	0.621	0.209	0.698	0.941	0.890	0.942	0.700	0.452	2
刺槐	0.621	0.034	0.485	0.758	0.801	0.942	0.274	0.394	3
沙柳（密）	0.621	0.031	0.196	0.444	0.337	1.000	0.721	0.266	4
旱柳	0.621	0.035	0.787	0.370	0.343	0.942	0.353	0.231	5
新疆杨	0.621	0.016	0.047	0.320	0.379	0.942	0.786	0.225	6
沙蒿	0.621	0.209	0.965	0.031	0.107	1.000	0.628	0.218	7
沙枣	0.621	0.033	0.520	0.304	0.245	0.942	0.320	0.208	8
榆树（稀）	0.621	0.029	0.319	0.291	0.283	0.942	0.406	0.203	9
花棒（稀）	0.621	0.019	0.173	0.219	0.280	1.000	0.738	0.193	10
柽柳	0.621	0.029	0.785	0.191	0.212	0.942	0.326	0.172	11
柠条 3m×6m	0.621	0.043	0.465	0.146	0.175	1.000	0.569	0.168	12
柠条苜蓿套种	0.621	0.028	0.000	0.146	0.187	1.000	0.390	0.165	13
樟子松（密）	0.621	0.010	0.144	0.185	0.126	0.942	0.507	0.164	14
柠条 2m×8m	0.621	0.024	0.394	0.086	0.111	1.000	0.482	0.151	15
柠条 1m×4m	0.621	0.019	0.614	0.064	0.120	1.000	0.521	0.149	16
樟子松（稀）	0.621	0.018	0.133	0.101	0.134	0.942	0.33	0.148	17
山杏	0.621	0.023	0.720	0.051	0.128	0.942	0.631	0.148	18
杨柴	0.621	0.031	0.202	0.019	0.088	1.000	0.619	0.146	19
沙打旺（高）	0.621	0.008	0.057	0.044	0.077	1.000	0.574	0.145	20
封育草场	0.379	0.025	0.481	0.054	0.114	0.882	0.418	0.144	21
沙蒿（低）	0.621	0.008	0.333	0.021	0.091	1.000	0.558	0.144	22
柠条（中）	0.621	0.008	0.413	0.020	0.094	1.000	0.518	0.143	23
樟子松	0.621	0.015	0.219	0.023	0.096	0.942	0.600	0.143	24
苜蓿	0.379	0.026	0.261	0.009	0.119	0.882	0.379	0.141	25

（续表）

评价对象	净化大气环境	保育土壤	涵养水源	积累营养物质	固碳释氧	防风固沙	保护生物多样性	贴近度	贴近度排序
旱地	0.379	0.042	1.000	0.000	0.110	0.435	0.379	0.101	26
放牧地	0.379	0.022	0.651	0.063	0.104	0.435	0.379	0.100	27
半流动沙丘	0.379	0.012	0.464	0.018	0.025	0.000	0.626	0.058	28

第五节　宁夏灌木林地生态系统服务功能价值量评估

一、灌木生态效益评估

按照林业建设主导思路，以宁夏灌木林自然生产为重点考量条件，准确掌握主要灌木的生态功能量化指标（防风固沙、固碳释氧、生物多样性保育、土壤改良、经济效益），明确林地功能提升示范区主要建设内容。在植被耗水、防风固沙、固碳释氧和生物多样性等林地生态系统指标量化、监测与功能评价基础上，结合国家《退耕还林工程生态效益监测国家报告》的林业生态效益综合效益计算方法，估算宁夏灌木的各类生态、经济与社会等功能综合效益。

二、生态效益评估方法

评估指标主要依据《退耕还林工程生态效益监测与评估规范》（LY/T 2573—2016），采用北方沙化土地退耕还林工程生态连清体系，依托地区现有的退耕还林工程生态观测站，采取定位监测技术和分布式测算方法，参考森林生态服务功能及其价值评估相关研究方法与成果，从宁夏灌木林防风固沙、净化大气、固碳释氧、植物多样性保护、涵养水源、保育土壤和林木积累营养物质等7项功能指标开展生态效益评价。将宁夏灌木林分林龄进行测算，而后依据研究目标以及对象分类叠加，获得森林生态系统服务功能评估的结果。上述7项功能指标物质量和价值量的评估公式与模型包参见《退耕还林工程生态效益监测与评估规范》（LY/T 2573—2016）。计算价值量所用参数为我国权威机构所公布的社会、经济公共数据。包括《中国水利年鉴》《中华人民共和国水利部水利建筑工程预算定额》、中国农业信息网（http：//www. agri. cn）、国家卫生健康委员会网站（http：//www. nhc. gov. cn）、《中华人民共和国国家发展和改革委员会令（第31号）》《排污费征收标准及计算方法》等相关部门统计公告。

三、宁夏灌木林生态服务价值

宁夏特殊的地区环境形成了以水分因素为主导的植物生态条件的差异和不同类型的植被带，因此宁夏在树种选择方面侧重于树种的抗逆性、耐旱性、抗寒冷、耐盐碱、抗病虫害等。灌木是一种具有木质化茎干但没有发展成明显主干的植物。茎干从土壤表面上部或下部的基部进行分枝，通常包括矮灌木、半灌木和爬地植物。灌木在植物物种多样性方面扮演着重要角色，因为它扩大物种生产力来源，增加了多种用途的机会，增强了生态稳定性。

根据国家2014—2016年发布的《退耕还林工程生态效益监测国家报告》（表6-11），对宁夏灌木林进行生态效益监测及评估，该地区灌木林防护、涵养水源、保育土壤、固碳释氧、林木积累营养物质和净化大气环境以及生物多样性功能7个类别18个分项系统服务功能总价值量的评估，总价值为49 943. 29元/hm^2。灌木林涵养水源价值最大为13 994. 08元/hm^2，占28. 02%；其次为净化大气环境为10 951. 51元/hm^2，占21. 93%；生物多样性第三，为6 564. 50元/hm^2，占13. 14%；森林防护第四，为6 427. 26元/hm^2，占12. 87%；固碳释氧第五，为6 184. 81元/hm^2，占12. 38%；林木积累最小，为690. 76元/hm^2，占1. 38%。宁夏灌木林生态系统各项服务价值比例充分体现出该地区的人工林生态系统服务特征，宁夏灌木林特殊的土壤质地，容易发生风蚀沙化和水土流失，所以人工灌木林营造可以很好地缓解风蚀造成的水土流失，同时还能更好地改善环境，增加生物多样性。

表 6-11　宁夏灌木生态系统服务物质量评估（温学飞等，2020）

序号	项目		单位	灌木	柠条	灌木效益价值	柠条效益价值
1	涵养水源		万 m^3/年	1 255.28	168.28	13 994.08	1 733.28
2	保育土壤	固土	t/年	223 032.94	217 775.83	5 130.37	4 837.68
		固氮	t/年	590.12	88.19		
		固磷	t/年	80.05	662.64		
		固钾	t/年	4 158.28	383.40		
		固定有机质	t/年	4 364.14	66.79		
3	固碳释氧	固碳	t/年	16 431.84	950.13	6 184.81	6 027.30
		释氧	t/年	35 381.98	225.61		
4	林木积累营养物质	氮	t/年	260.75	227.52	690.76	586.91
		磷	t/年	22.87	11.37		
		钾	t/年	82.34	72.05		
5	净化大气环境	负离子	t/年	49 043.92	49 250.00	77.77	78.10
		吸收污染物	t/年	1 916.74	3 036.24	4.57	7.24
		TSP	t/年	163 650.50	1 419.53	331.66	2.88
		PM10	t/年	20 455.17	1 111.40	4 897.07	266.07
		PM2.5	t/年	8 181.61	129.01	5 640.44	88.94
6	森林防护	固沙量	万 t/年	80.00	65.13	6 427.26	5 232.59
7	生物多样性					6 564.50	6 564.50
合计						49 943.29	25 425.49

由表 6-12 可知，随着宁夏天然林资源保护、退耕还林、三北防护林、野生动植物保护及自然保护区、天然林保护五大重点林业工程的实施，为宁夏林业实现跨越式发展创造了有利条件，宁夏的灌木林面积得到了明显提高。宁夏灌木林生态效益从 1990 年的 61.03 亿元增加到 2018 年的 301.01 亿元，增加了 239.98 亿元，年增长 8.57 亿元。宁夏生态效益价值与年份之间回归：$y=8.7175x-17293$（$R^2=0.9877$）。

表 6-12　夏灌木面积及生态效益价值（温学飞等，2020）

年份	灌木面积（万 hm^2）	生态效益价值（亿元）
1990	12.22	61.03
1995	17.46	87.20
2000	27.91	139.39
2005	39.98	199.67
2010	43.70	218.25
2018	60.27	301.01

四、宁夏柠条林生态服务价值

根据国家2014—2016年的《退耕还林工程生态效益监测国家报告》，宁夏柠条林防护、涵养水源、保育土壤、固碳释氧、林木积累营养物质和净化大气环境以及生物多样性功能7个类别18个分项系统服务功能总价值量的评估，总价值为25 425.49元/hm^2。柠条生态服务价值仅为全区灌木林平均服务价值一半。最主要的差别在于涵养水源，南部山区山桃、山杏以及中部枸杞等对宁夏南部山区涵养水源发挥了重要作用。柠条主要是在宁夏的沙区，主要目的是以防风固沙为主，所发挥的涵养水源价值相对较低些，这也是柠条林生态服务价值低于其他灌木的最主要作用。

生物多样性最大为6 564.50元/hm^2，占25.82%；其次固碳释氧为6 027.30元/hm^2，占23.71%；森林防护第三，为5 232.59元/hm^2，占20.58%；保育土壤第四，为4 837.68元/hm^2，占19.03%；涵养水源第五，为1 733.28元/hm^2，占6.82%；林木积累第六，为586.91元/hm^2，占2.31%；净化大气环境最小，为443.23元/hm^2，占1.74%。柠条生态系统各项服务价值比例充分体现柠条在宁夏中部干旱带的人工林生态系统服务特征，宁夏中部干旱带土壤质地，容易发生风蚀沙化，所以柠条林营造可以很好地缓解风蚀造成的水土流失，同时还能更好地改善环境，增加生物多样性。柠条林土壤沙化严重土壤养分较低，植被建植不仅能防风固沙，同时改善土壤养分条件，而且能更好地固定空气中的CO_2释放O_2。

由表6-13可知，柠条林生态效益价值从2004年的97.94亿元增加到2018年的219.50亿元，增加了121.56亿元，年增长8.68亿元。如果以地上生物量全部用来制作饲料价值，直接经济价值由2004年的8.22亿元增加到2018年的19.49亿元，增加了11.27亿元。生态效益价值与直接经济价值比值平均为12.17∶1。

表6-13　宁夏柠条林面积及生态服务价值（温学飞等，2020）

年份	面积（万 hm^2）	饲料量（万t）	直接经济价值（亿元）	生态效益价值（亿元）	生态价值与直接价值比
2004	19.61	74.73	8.22	97.94	11.91∶1
2010	40.76	145.08	15.96	203.57	12.76∶1
2016	45.36	161.39	17.75	226.54	12.76∶1
2018	43.95	177.17	19.49	219.50	11.26∶1

第七章 宁夏黄土丘陵区典型退耕还林地水土保持生态效益监测研究与评价——以彭阳县为例

土地利用变化作为全球环境变化的重要内容，对土地资源的合理配置、生态环境的稳定发展、人类生产生活等都带来很大的影响。土地利用变化是人类活动作用于生态系统的重要方式，通过影响生态系统的格局与过程，改变着生态系统产品与服务的供给，对生态系统服务价值起决定性作用（郭椿阳等，2019）。土地利用变化能很好地反映社会经济发展的历程，是人类活动最为显著的表现形式。

黄土高原是我国重要生态屏障带，由于生态环境脆弱以及长期人类活动的影响，该区域以水土流失为主要特征的生态环境问题十分突出，严重的水土流失不仅阻碍了该区社会经济的进一步发展，同时为黄河下游地区带来一系列的生态环境问题。研究表明，除受黄土高原自身立地条件的影响外，不合理的土地利用方式和脆弱的植被生态系统是造成该区水土流失严重的又一重要因素（刘德林等，2012）。黄土高原地区一直是研究恢复水土流失的热点和重点区域，以退耕还林（草）工程为代表的大规模生态恢复项目是恢复的主要手段；经过十余年的发展，退耕还林（草）工程在植被恢复方面产生了显著的生态效益（张琨等，2017）。随之产生的土地利用、植被变化、土壤环境变化是当前黄土高原生态环境研究的主要内容（蔡进军等，2020）。

一、研究方法

谢高地等（2008）将生态系统服务概括为供给服务、调节服务、支持服务、文化服务4个一级类型，在一级类型之下进一步划分出11种二级类型。在生态系统价值评估中，用不同土地利用类型的生态系统服务价值当量因子和单位面积农田生态系统提供食物生产服务的经济价值估算不同土地利用类型的生态服务价值。根据谢高地等（2008）的方法，1个标准生态系统生态服务价值当量因子相当于1 hm^2研究区平均产量的农田每年自然粮食产量的经济价值，其经济价值等于当年研究区平均粮食单产市场价值的1/7。故区域单位面积生态系统经济价值估算方法如下。

$$Ea = \frac{1}{7}\sum_{i=1}^{n}\frac{q_i p_i}{M} \tag{7-1}$$

式中，Ea 为单位面积农田生态系统提供食物生产服务的经济价值（元/hm^2）；n 为粮食作物种类数；p_i 为农作物 i 的价格（元/kg）；q_i 为农作物 i 的总产量（kg）；M 为 n 种粮食作物总面积（hm^2）。1/7是指以单位面积生态服务价值为研究区，当年主要粮食作物单位面积产值的1/7。

该流域处于固原市内，固原市种植的作物主要是冬小麦、玉米、马铃薯、油料作物。由于该流域不同类型作物面积的统计数据缺乏，本研究采用固原市国民经济和社会发展统计公报（http：//www. tjcn. org/tjgb/30nx/35665. html）中粮食种植面积和总产量计算粮食单产，粮食价格采用2001—2015年宁夏粮食平均价格，即1.88元/kg（张治华，薛里图，2017）。因此流域内农田生态系统的服务价值估算简化为

$$Ea = (P \times Q)/7 \tag{7-2}$$

式中，P 为粮食平均价格1.88（元/kg）；Q 为年粮食平均产量（kg/hm^2）。

流域生态系统服务价值计算公式为：

$$ESV = \sum (A_i \times VC_i)$$

式中，ESV 为生态系统服务价值；A_i 为第 i 类土地利用类型的面积（hm^2）；VC_i 为生态服务系数，即单位面积上土地利用类型 i 的 ESV［元/（hm^2·年）］。

在生态服务价值分析中，常用敏感性指数（CS）来确定不同土地利用生态系统服务价值随着时间变化对价值系数的依赖程度。如果 $CS>1$，则预估 ESV 对变异系数（VC）即生态系统服务价值系数具有弹性，VC 变动1%会引

起 CS 大于 1%的变动，则其准确度差、可信度低；如果 $CS<1$，则说明 ESV 对 VC 是缺乏弹性的，结果是可信的（丁丽莲等，2019）。敏感性指数计算公式如下。

$$CS = \left| \frac{(ESV_j - ESV_i)/ESV_i}{(VC_{jk} - VC_{ik})/VC_{ik}} \right| \tag{7-3}$$

式中，ESV_j和 ESV_i为调整后和初始的生态系统服务价值；VC_j和 VC_i为调整后和初始的生态服务价值系数；k 为某种土地利用类型（蔡进军等，2020）。

二、不同土地利用类型的生态服务价值

依据谢高地等（2008）提出的不同土地利用类型当量因子表估算流域不同土地利用类型的生态服务价值。由于谢高地等（2005）提供的生态系统服务价值当量是基于全国农田价值估算的平均水平，不同区域农田生物产量差异很大，因此还需要依据生物量订正因子进行订正。谢高地等（2005）提出的宁夏农田生态系统生物量订正因子为 0.61，由于该因子代表了宁夏全区水平，但是流域所在地为黄土丘陵区农田生物量显然低于全区平均值，显然灌区高生物量拉高了黄土丘陵区的水平。而同为黄土丘陵区的山西和甘肃的订正因子则分别为 0.46 和 0.42，因此山西和甘肃的定向因子更适合于宁夏黄土丘陵区。在此选用 0.42 的生物量订正因子进行订正，最终估算出了流域不同土地利用类型的生态服务价值系数（表 7-1）（蔡进军等，2020）。

表 7-1　流域不同土地利用类型生态服务价值系数表（蔡进军等，2020）

单位：元/（hm^2·年）

生态服务		耕地	林地	草地	水域
供给服务	食物生产	243.70	54.48	28.67	229.37
	原料生产	114.68	123.29	40.14	65.94
	水资源供给	5.73	63.08	22.94	2 376.83

（续表）

生态服务		耕地	林地	草地	水域
调节服务	气体调节	192.10	404.26	146.22	220.77
	气候调节	103.22	1 212.79	384.19	656.57
	净化环境	28.67	366.99	126.15	1 591.24
	水文调节	77.41	960.48	280.98	29 313.28
支持服务	土壤保持	295.31	493.14	177.76	266.64
	维持养分循环	34.41	37.27	14.34	20.07
	生物多样性	37.27	450.14	160.56	731.11
文化服务	美学景观	17.20	197.83	71.68	541.88
总价值		1 149.71	4 363.73	1 453.62	36 013.71

从 7-1 可以看出，各土地类型中水域的生态服务价值是最高的，其次为林地，草地和耕地的生态服务价值最低。与同类研究结果相比，中庄流域各土地类型的生态服务价值偏低。这与该区生态系统生产力和生态功能是相符合的，干旱的气候条件决定了该区域林草地发挥的生态功能低于全国平均水平。李娜等（2013）曾估算过中庄流域各土地利用类型的生态服务价值，由于在估算是直接采用了谢高地等（2005）全国的生态系统服务价值系数，并没有依据该区的粮食产量、价格，也没有进行生物量修正，因此显著高估了流域生态服务价值（蔡进军等，2020）。

三、土地利用的变化对生态服务价值的影响

依据流域各土地类型的面积和生态服务价值系数估算了流域不同时期不同土地类型的生态服务价值和流域生态服务总价值，结果见表 7-2。可以看出流域生态服务总价值从 1980 年的 1 917.46 万元，上升到 2018 年的 2 563.39 万元，过去 38 年间流域生态系统服务价值增加了 645.93 万元，平均每年增长 17.00 万元。从 2000 年退耕还林以后，18 年间流域生态系统服务总价值增加了 630.90 万元。从 2015 年项目开始实施到 2018 年项目结束期间，流域生态系统服务总价值增长了 83.53 万元（蔡进军等，2020）。

表 7-2　依据土地类型面积估算的不同年份流域生态服务总价值（蔡进军等，2020）

单位：$\times 10^4$元

年份	耕地	林地	草地	水域	合计
1980	743.6	230.89	840.18	102.75	1 917.46
1990	755.6	235.33	821.83	107.93	1 920.73
1995	748.0	273.78	818.21	107.93	1 948.96
2000	759.1	254.96	810.47	107.93	1 932.49
2005	757.1	257.67	812.07	107.93	1 934.82
2010	673.8	749.16	744.33	0.00	2 167.28
2015	611.3	1198.46	670.14	0.00	2 479.86
2018	601.7	1324.57	637.14	0.00	2 563.39

图 7-1 是不同土地类型在不同年份的生态价值对比，对比可以看出流域生态服务总价值增加最快的年份是 2005—2015 年。从不同土地类型的生态服务价值来看，水域、农田和草地生态服务价值下降，而林地生态服务价值在

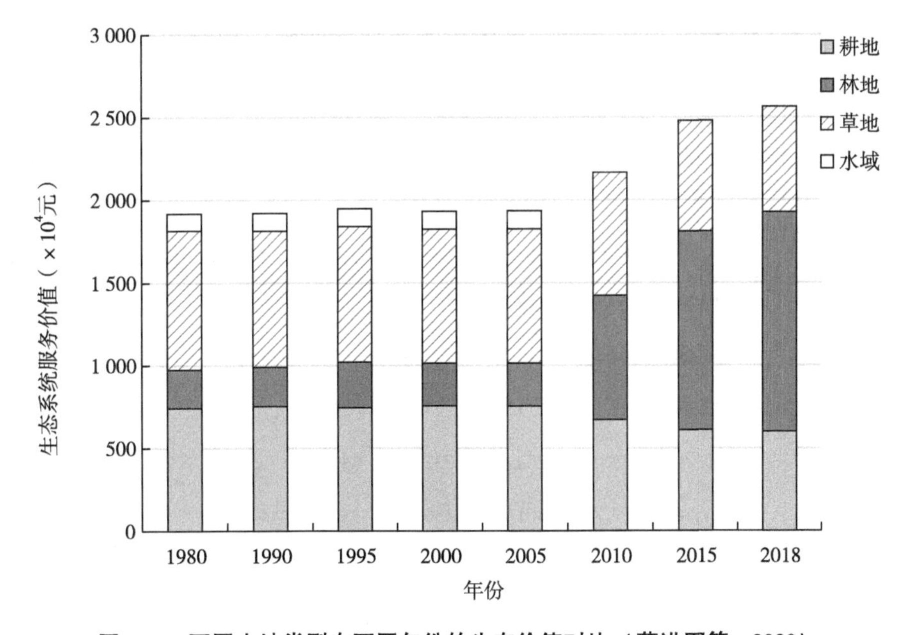

图 7-1　不同土地类型在不同年份的生态价值对比（蔡进军等，2020）

持续上升。这也表明随着生态修复持续进行，大量耕地和草地转化为林地，林地面积显著增长；同时，林地生态服务价值系数也高于耕地和草地，因此林地面积的增加对流域生态服务总价值贡献很大。在土地利用分类识别中，林木覆盖度低于30%的造林地划分为草地，由于早期造林苗木小，林地覆盖度低，因此早期的造林地始终划分为草地类型。后期随着林木的生长，大量的造林地由林地覆盖度不断增加，草地转化为林地的面积也会不断增加。因此，流域生态服务总价值在未来10年仍有很大的增长空间（蔡进军等，2020）。

表7-3是计算的1980—2018年期间各项生态服务价值结果，可以看出随着土地利用变化流域各项生态功能的变化过程。流域生态系统在服务价值中，气候调节、水文调节和土壤保持功能所占比例大，各项所占比例在12%~23%变化；食物生产、原料生产和生物多样性功能位居其次，比例在4.5%~10%变化；美学景观的比例在3%~4%，而水资源供给和维持养分循环功能在1%~2%。1980—2018年流域土地食物生产功能在持续减弱，水资源供给、原料供给和维持养分循环的功能略有上升，气候调节、水文调节、净化环境、生物多样性和美学景观功能有了显著的增强。主要是由于农田转变为林草地后可耕种面积减少，林草面积增加带来的生态环境方面服务功能的增加（蔡进军等，2020）。

表7-3　流域各项生态服务价值的变化（蔡进军等，2020）　单位：$\times10^4$元

生态服务功能	年份							
	1980年	1990年	1995年	2000年	2005年	2010年	2015年	2018年
食物生产	177.74	180.01	178.81	180.77	180.41	166.86	157.75	156.64
原料生产	104.09	104.92	105.14	105.50	105.43	108.93	113.34	115.03
水资源供给	27.08	27.26	27.72	27.38	27.44	25.93	30.95	32.20
气体调节	230.78	231.39	233.31	232.64	232.73	256.86	280.57	287.33
气候调节	354.86	352.42	361.47	355.19	356.19	465.43	565.07	590.54
净化环境	115.42	114.73	117.46	115.48	115.80	144.40	174.19	181.70
水文调节	346.92	349.38	356.63	351.74	352.52	354.14	434.48	455.21
土壤保持	320.61	321.99	323.94	323.71	323.70	348.75	374.39	382.15

（续表）

生态服务功能	年份							
	1980 年	1990 年	1995 年	2000 年	2005 年	2010 年	2015 年	2018 年
维持养分循环	32.57	32.79	32.85	32.95	32.93	33.90	35.14	35.60
生物多样性	142.81	141.74	145.06	142.62	143.01	181.34	217.46	226.52
美学景观	64.57	64.12	65.57	64.51	64.68	80.75	96.52	100.47

主要参考文献

蔡进军，许浩，赵世伟，等，2020. 宁夏黄土丘陵区脆弱生态系统恢复及可持续管理［M］. 北京：科学技术出版社.

蔡兆男，成里京，李婷婷，等，2021. 碳中和目标下的若干地球系统科学和技术问题分析［J］. 中国科学院院刊，36（5）：602-613.

邓培雁，陈桂珠，2003. 湿地价值及其有关问题探讨［J］. 湿地科学，1（2）：24-26.

丁永建，周成虎，2013. 地表过程研究概论［M］. 北京：科学出版社.

丁仲礼，2021. 中国碳中和框架路线图研究［J］. 中国工业和信息化（8）：54-61.

段良霞，2017. 黄土高原沟壑区坡地水量转换的空间变异性［D］. 杨凌：西北农林科技大学.

冯宗伟，王效科，吴刚，1999. 中国森林生态系统的生物量和生产力［M］. 北京：科学出版社.

高鹏飞，陈飞颖，2002. 碳税与碳排放［J］. 清华大学学报，42（10）：1335-1338.

郭宇华，2009. 中国西北地区退耕还林工程效益监测与评价［D］. 北京：北京林业大学.

贺庆棠，1993. 森林对地球气候系统碳素循环的影响［C］//森林环境. 北京：中国林业出版社.

黄明斌，1998. 小流域综合治理的水分环境效应［D］. 杨凌：中国科学院水利部水土保持研究所.

季波，何建龙，李娜，等，2015. 宁夏贺兰山主要森林树种的含碳率分析

[J]. 水土保持通报，35（2）：332-335.

姜东涛，2005. 森林制氧固碳功能与效益计算探讨［J］. 华东森林经理，19（2）：19-21.

景贵和，周人龙，徐樵利，1989. 综合自然地理学［M］. 北京：高等教育出版社.

康惠宁，马钦彦，袁嘉祖，1996. 中国森林 C 汇功能基本估计［J］. 应用生态学报，7（3）：230-234.

李世东，2021-06-23. 中国退耕还林还草工程［N］. 中国绿色时报（5）.

李姝，喻阳华，袁志敏，等，2015. 碳汇研究综述［J］. 安徽农业科学，43（34）：136-139.

李顺龙，2005. 森林碳汇经济问题研究［D］. 哈尔滨：东北林业大学.

李意德，曾庆波，吴仲民，等，1998. 我国热带天然林植被 C 贮存量的估算［J］. 林业科学研究，11（2）：156-162.

凌镇，杨雪萍，2014. 营造林密度对树木生长质量的影响［J］. 现代园艺（24）：69.

龙上敏，谢尚平，刘秦玉，等，2018. 海洋对全球变暖的快慢响应与低温升目标［J］. 科学通报，63（Z1）：558-570.

马正锐，程积民，2013. 六盘山典型森林碳储量与固碳速率研究［D］. 北京：中国科学院大学.

任国玉，战云健，任玉玉，等，2015. 中国大陆降水时空变异规律气候学特征［J］. 水科学进展，26（3）：299-310.

沈冰，黄红虎，2008. 水文学原理［M］. 北京：中国水利水电出版社.

石永宁，2018. 沙漠地区植树造林对气候的影响分析［J］. 南方农业，12（15）：85.

陶信平，2004. 略论中国湿地保护［J］. 长安大学学报（社会科学版），6（4）：13-17.

王建华，吕宪国，2001. 城市湿地概念和功能及中国城市湿地保护［J］. 生态学杂志，26（4）：48-50.

温学飞，田英，王东清，2020. 柠条研究与利用［M］. 北京：中国农业科学技术出版社.

吴国春，郗婷婷，2011. 后坎昆时代中国碳汇林发展的理性思考［J］. 林业经济（10）：40-42.

肖英，刘思华，王光军，2010. 湖南 4 种森林生态系统碳汇功能研究［J］. 湖南师范大学自然科学学报，33（1）：124-128.

闫洪梅，2014. 造林密度对树木生长带来的影响［J］. 山东工业技术（4）：169.

殷鸣放，杨琳，殷炜达，等，2010. 森林固碳领域的研究方法及最新进展［J］. 浙江林业科技，30（6）：78-86.

张旭辉，李典友，潘根兴，等，2008. 中国湿地土壤碳库保护与气候变化问题［J］. 气候变化研究进展（4）：202-208.

张颖，杨桂红，2015. 森林碳汇与气候变化［M］. 北京：中国林业出版社.

赵敏，2004. 中国主要森林生态系统碳储量和碳收支评估［D］. 北京：中国科学院植物研究所.

周玉荣，于振良，赵士栋，等，2000. 我国主要森林生态系统碳贮量和碳平衡［J］. 植物生态学报，24（5）：518-522.

左忠，张安东，马静利，等，2022. 干旱风沙区主要造林树种土壤水分动态监测与评价研究［M］. 北京：中国农业科学技术出版社.

ANDERSON D，1990. Carbon fixing from an economic perspective［R］. York University：Forestry Commission's First Economics Research Conference.

BAUSCH W，BERNARD T，1992. Spatial averaging bowen ratio system：description and lysimeter comparison［J］. Transactions of the ASAE，35（1）：121-128.

BOWEN I S，1926. The ratio of heat losses by conduction and by evaporation from any water surface［J］. Physical Review，27（6）：779-787.

BROWN S，IVERSON L R，1992. Biomass estimates for tropical forests［J］. World Trade Review，4：366-384.

BROWN S L，SCHROEDER P E，1999. Spatial patterns of above ground production and mortality of woody biomass for eastern U S forests［J］.

Ecological Applications (9): 968-980.

BROWN S, 1996. Management of forests for mitigation of green-house gas e-mission [M]. Cambridge: Cambridge University Press.

CHANGH P, MICHAEL J, 1997. Contribution of China to the global cycle since the last glacial maximum recon struction from palaeovegetation maps and an empirical biosphere model [J]. Tellus, 49 (8): 393-408.

CHENG L J, ABRAHAM J, HAUSFATHER Z, et al., 2019. How fast are the oceans warming [J]. Science, 363: 128-129.

DIXON R K, BROWN S, HOUGHTON R A, et al., 1994. Carbon pool and flux of global forest ecosystems [J]. Science, 263: 185

DIXON R K, SOLOMON A M, BROWN S, et al., 1994. Carbon pools and flux of global forest ecosystems [J]. Science, 263 (5144): 185-190.

FANG J Y, GUO Z D, PIAO S L, et al., 2007. Terrestrial vegetation carbon sinks in China, 1981—2000 [J]. Earth Sciences, 50 (9): 1341-1350.

FANG J Y, YU G R, LIU L L, et al., 2018. Climate change, human impacts, and carbon sequestration in China [J]. Proceedings of the National Academy of Sciences of the United States of America, 115 (16): 4015-4020.

FANG J, WANG G G, LIU G, et al., 1998. Forest biomass of China: an estimate based on the biomass volume re-lationship [J]. Journal of Applied Ecology, 8: 1084-1090.

GERMAN ADVISORY COUNCIL ON GLOBAL CHANGE, 1998. The Accounting of biological sinks and sources under the kyoto protocol: a step forwards or backwards for global environmental protection [M]. Bremerhaven: German Advisory Council on Global Change.

GRACE, JOHN, LLOYD, et al., 1995. Carbon dioxide uptake by an undisturbed tropical rain forest in Southwest Amazonia, 1992 to 1993 [J]. Science, 270 (5237): 778.

GRIER C G, RUNNING S W, 1977. Leaf area of mature northwestern coniferous forests: relation to site water balance [J]. Ecology, 58 (4): 893-899.

HAN P F, ZENG N, ODA T, et al., 2020. A city-level comparison of fossil-fuel and industry processes-induced CO_2 emissions over the Beijing-Tianjin-Hebei region from eight emission inventories [J]. Carbon Balance and Management, 15 (1): 1-16.

IPCC, 2000. Land use, land use change, and forestry [M]. Cambridge: Cambridge University Press.

IPCC, 2013. Thephysical science basis. contribution of working group I to the fourth assessment report of the intergovernmental panel on climate change: intergovernmental panel on climate change [M]. Cambridge: Cambridge University Press.

JELLIOTT C, JAMES F F, PETE R M A, 2012. Terrestrial carbon losses from mountaintop coal mining offset regional forest carbon sequestration in the 21st century [J]. Environment Research, 7: 1-7.

LI T, ZHANG W, ZHANG Q, et al., 2015. Impacts of climate and reclamation on temporal variations in CH_4 emissions from different wetlands in China: from 1950 to 2010 [J]. Biogeosciences, 12 (23): 6853-6868.

LIU W, LU J, XIE S P, et al., 2018. Southern ocean heat uptake, redistribution, and storage in a warming climate: the role of meridional overturning circulation [J]. Journal of Climate, 31 (12): 4727-4743.

MAHLIY NOBREA GRACEJ et al., 1998. Carbondioxide transfer over central amazonian rain forests [J]. Journal of Geophysical Research, 103: 31593-31612.

MITRA S, WASSMANN R, VLEK P L G, 2005. An appraisal of global wetland area and its organic carbon stock [J]. Current Science, 88 (1): 25-35.

MITSCH W J, BERNAL B, NAHLIK A M, et al., 2013. Wetlands, carbon, and climate change [J]. Landscape Ecology, 28 (4): 583-597.

OBLED C, WENDLING J, BEVEN K, 1994. The sensitivity of hydrological models to spatial rainfall patterns: an evaluation using observed data [J]. Journal of Hydrology, 159 (1): 305-333.

PRIESTLEY C H B, TAYLOR R J, 1972. On the assessment of surface heat flux and evaporation using large-scale parameters [J]. Monthly Weather Review, 100 (2): 81-92.

ROSENZWEIG C, HILLEL D, 2009. Soils and global climate change: Challengesand opportunities [J]. Soil Science, 165 (1): 47-56.

SINGH P, SHA R MAI C M, 2009. Tropical ecology: an overview [J]. Tropical Ecology, 50 (1): 7-21.

SWINBANK W, 1951. The measurement of vertical transfer of heat and water vapor by eddies in the lower atmosphere [J]. Journal of Meteorology, 8 (3): 135-145.

TANG X L, ZHAO X, BAI Y F, et al., 2018. Carbon pools in China's terrestrial ecosystems: new estimates based on an intensive field survey [J]. Proceedings of the National Academy of Sciences of the United States of America, 115 (16): 4021-4026.

THORNTHWAITE C W, HOLZMAN B, 1939. The determination of evaporation from land and water surfaces [J]. Monthly Weather Review, 67 (1): 4-11.

WANG J, FENG L, PALMER P I, et al., 2020. Large Chinese land carbon sink estimated from atmospheric carbon dioxide data [J]. Nature, 586: 720-723.

WEI D, WANG X D, 2016. CH_4 exchanges of the natural ecosystems in China during the past three decades: the role of wetland extent and its dynamics [J]. Journal of Geophysical Research: Biogeosciences, 121 (9): 2445-2463.

WEN Q, YAO J, DööSK, et al., 2018. Decoding hosing and heating effects on global temperature and meridional circulations in a warming climate [J]. Journal of Climate, 31 (23): 9605-9623.

XIAO D R, DENG L, KIM DG, et al., 2019. Carbon budgets of wetland ecosystems in China [J]. Global Change Biology, 25 (6): 2061-2076.

XIE Z B, ZHU J G, LIU G, et al., 2007. Soil organic carbon stocks in China and changes from 1980s to 2000s [J]. Global Change Biology, 13 (9): 1989-2007.

XU X F, TIAN H Q, 2012. Methane exchange between marshland and the atmosphere over China during 1949—2008 [J]. Global Biogeochemical Cycles, 26 (2): GB2006.

ZHANG C H, JU W M, CHEN J M, et al., 2013. China's forest biomass carbon sink based on seven inventories from 1973 to 2008 [J]. Climatic Change, 118 (3/4): 933-948.

附表　宁夏区域已建成的主要生态效益监测场及监测指标

序号	监测场名称	主要监测指标	建设地点	地貌类型	主要研究对象	树种类型	海拔（m）	纬度（N）	经度（E）	协作建设单位
1	干旱风沙区20m垂直梯度樟子松监测场	2m、4m、6m、8m、9m、10m、12m、14m、16m、18m、20m垂直梯度风速；2m、10m、20m垂直梯度 CO_2 浓度；2m、20m垂直梯度负氧离子浓度；PM2.5浓度、PM10浓度、PM100浓度；大气温度；大气相对湿度；气压	盐池县城北大墩梁	固地沙地	盐池县环城5万亩樟子松人工造林地小气候、尘降及空气质量变化规律	樟子松	1 406.1	37.826 396°	107.420 919°	盐池县自然资源局
2	干旱风沙区无林封育地20m垂直梯度小气候监测场	2m、4m、6m、8m、9m、10m、12m、14m、16m、18m、20m垂直高度风速；2m、10m、20m垂直高度 CO_2 浓度；2m、20m垂直高度负氧离子浓度；PM2.5浓度、PM10浓度、PM100浓度；大气温度；大气相对湿度；气压	盐池县王乐井乡狼子沟村	稀疏灌木覆沙地	干旱风沙区无林封育地（对照区）20m垂直梯度小气候、尘降及空气质量变化规律	猫头刺、柠条等	1 460	37.885 931°	106.963 802°	盐池县自然资源局

（续表）

序号	监测场名称	主要监测指标	建设地点	地貌类型	主要研究对象	树种类型	海拔（m）	纬度（N）	经度（E）	协作建设单位
3	大武口工业区城镇园林退耕还林地小气候监测场	2m 高度风速、风向、降水量；2m 高度 CO_2 浓度、PM2.5 浓度、PM10 浓度、大气温度、大气相对湿度、气压；2m 高度负氧粒子浓度、20cm 土壤湿度、40cm 土壤湿度、20cm 土壤温度、40cm 土壤温度；总辐射（TBQ）；紫外辐射	大武口舍予园城镇园林绿化杨、柳、火炬树等乔木混交林	城镇园林绿地	工业城市城镇园林绿地退耕还林生态效益	杨、柳阔叶混交林	1 075.6	38.978 266°	106.342 726°	大武口舍予园
4	中卫沙坡头腾格里沙漠小气候监测场	2m 高度风速、风向、降水量、大气温度、大气相对湿度、数字气压；2m 高度 CO_2 浓度、PM2.5 浓度、PM10 浓度、20cm 土壤湿度	中卫市沙坡头区腾格里沙漠环保厅固沙生态园	流动沙地平整造林	流动沙地	无	1 251.2	37.509 242°	105.040 437°	宁夏中卫市沙坡头国家级自然保护区管理局（2021 年 8 月 29 日从原葡萄地移出）
5	放牧林地小气候监测场（对照区）	2m 高度风速、风向、降水量；2m 高度大气温度、大气相对湿度、气压、TBQ 总辐射、20cm、40cm 土壤 pH 值；20cm、40cm、60cm、80cm 土壤温度。1m 风速、1m 风向；1mPM2.5 浓度、1mPM10 浓度、2mPM2.5 浓度、2mPM10 浓度；负氧离子；二氧化碳；1mTSP、2mTSP；照度；蒸发量；紫外辐射；光合有效辐射；土壤热通量	盐池县王乐井乡鸦儿沟村	半流动沙地	放牧区小气候及风蚀尘降	天然沙蒿林地	1 251.2	37.816 508°	106.958 703°	盐池县鸦儿沟村

（续表）

序号	监测场名称	主要监测指标	建设地点	地貌类型	主要研究对象	树种类型	海拔（m）	纬度（N）	经度（E）	协作建设单位
6	贺兰山林地小气候观测场	1m、2m垂直高度林地风速、PM2.5浓度、PM10浓度、气温、大气相对湿度、CO_2浓度；20cm、40cm、60cm、80cm深度土壤温度；20cm、40cm、60cm深度土壤湿度	贺兰山新小路	洪积土石山区	贺兰山封山育林地小气候及风蚀尘降	新疆杨、青海云杉混交林地		38.581 389°	105.989 444°	贺兰山新小路公路管理站
7	贺兰山葡萄林地小气候观测场	1m、2m垂直高度林地风速；20cm、40cm、60cm、80cm深度土壤温度；20cm、40cm、60cm深度土壤湿度；日照时数、地表蒸发、降水量；2m垂直高度林地PM2.5浓度、PM10浓度、CO_2浓度、大气温度、大气相对湿度、紫外线浓度、光合力	贺兰山美贺葡萄基地	洪积土石山区	酿酒葡萄农田小气候及风蚀尘降	酿酒葡萄经果林		38.621 233°	106.019 131°	宁夏美贺酒庄
8	固原原州区黄土丘陵地区退耕还林生态效益监测场	雨量；土壤温度；风速、风向；20cm土壤湿度、40cm土壤湿度；大气温度、大气相对湿度；负氧离子；照度；TBQ总辐射；1mPM2.5浓度、1m PM10浓度、2m PM2.5浓度、2mPM10浓度；二氧化碳	固原市原州区	半干旱黄土丘陵区	黄土丘陵区退耕还林小气候及生态效益	榆树、沙棘、云杉等针阔混交林	2 042.2	35.955 238°	106.176 218°	宁夏固原市原州区林业和草原局；宁夏回族自治区退耕还林与三北工作站
9	永宁胜利乡榛子林地	2m风速、2m风向；2mPM2.5浓度、2mPM10浓度；负氧离子；2mTSP；大气温度、大气相对湿度；20cm、40cm、60cm、80cm深度土壤温度；20cm、40cm、60cm、80cm、100cm深度土壤湿度	永宁三沙源水库区	宁夏引黄灌区	经济林小气候及生态效益	榛子经果林				永宁县春之秋农林专业合作社

（续表）

序号	监测场名称	主要监测指标	建设地点	地貌类型	主要研究对象	树种类型	海拔（m）	纬度（N）	经度（E）	协作建设单位
10	河东机场荒山造林生态效益监测场	1m风速、2m风速、2m风向；2m大气温度、2m大气相对湿度；20cm、40cm、60cm、80cm、100cm土壤温度、土壤湿度；1m、2mPM2.5浓度、PM10浓度；负氧离子；2m二氧化碳浓度；照度；TBQ辐射；2mTSP；降水量；紫外辐射；光合有效辐射；土壤通量	灵武市河东机场	荒漠草原缓坡丘陵区	荒漠草原缓坡丘陵区荒山造林小气候及生态效益	苹果、灵武长枣、樟子松、等针阔混交林		38.650 000°	106.144 722°	宁夏沙漠基金会
11	干旱风沙区主要造林树种耗水量监测场	20cm、40cm、60cm、80cm、100cm、120cm、140cm、160cm、180cm、200cm土壤墒情月变化情况监测； 50cm、100cm土壤墒情况每隔30min动态变化监测； 大气温度、湿度、风速、风向、日照强度、蒸发量、降水量监测； 林木生长动态监测	哈巴湖保护区高沙窝天池子林场	固定沙地	主要沙生灌木耗水量	樟子松、花棒、杨柴、沙木蓼、柠条、沙柳	1 415.2	37.969 449°	107.096 028°	宁夏盐池县哈巴湖国家级自然保护区管理局
12	干旱风沙区樟子松人工林地小气候监测场	林地蒸发、降水量、大气温度、湿度、数字气压、风速、风向、日照时数、TBQ总辐射、土壤盐分、pH值； 20cm、40cm、60cm、80cm、100cm、120cm、140cm、160cm、180cm、200cm土壤墒情监测；20cm、40cm、60cm土壤温度	哈巴湖保护区高沙窝林场	固定沙地	樟子松人工林地小气候	樟子松人工林地	1 415.2	37.969 449°	107.096 028°	宁夏盐池县哈巴湖国家级自然保护区管理局

（续表）

序号	监测场名称	主要监测指标	建设地点	地貌类型	主要研究对象	树种类型	海拔（m）	纬度（N）	经度（E）	协作建设单位
13	中卫沙坡头保护区20m垂直梯度混交林监测场	2m、4m、6m、8m、9m、10m、12m、14m、16m、18m、20m垂直梯度风速；2m、10m、20m垂直梯度CO_2浓度；2m、20m垂直梯度负氧离子浓度；PM2.5浓度、PM10浓度、PM100浓度；大气温度；大气相对湿度；气压	中卫市沙坡头区腾格里沙漠环保厅固沙生态园	固定沙地乔灌混交林保护区	乔灌草结合的固定沙地	小叶树、旱柳、樟子松、沙枣、梭梭、柠条等混交林	1 213.3	37.512 314°	105.063 914°	宁夏沙坡头国家级自然保护区管理局
14	干旱风沙区风蚀场	10cm、50cm、100cm、150cm、200cm垂直高度土壤风蚀监测；地表风蚀量监测、林带不同水平区域风蚀量监测；1m高度降尘量监测	高沙窝林场、鸦儿沟	固定、半流动沙地、流动沙丘、柠条林地	长期定位监测各类地貌风蚀	樟子松人工林地、柠条林地、放牧沙区	1 398.3	37.995 693°	107.049 164°	宁夏盐池县哈巴湖国家级自然保护区管理局
15	贺兰山葡萄红寺堡产区近山监测点（鹏胜酒庄）	1m、2m垂直梯度风速；2mPM2.5浓度	红寺堡区中圈塘杏树沟鹏胜酒庄	罗山及葡萄地	葡萄庄园1m、2m风速、PM2.5浓度	葡萄基地	1 466.8	37.320 049°	106.167 741°	红寺堡区鹏胜酒庄
16	贺兰山葡萄红寺堡产区近山监测点（汇达酒庄）	1m风速、2m风速、2m风向；2m大气温度、2m大气相对湿度；20cm、40cm、60cm土壤温度、土壤湿度；2mPM2.5浓度、PM10浓度；负氧离子；2m二氧化碳浓度；照度；TBQ辐射；2mTSP；降水量；紫外辐射；光合有效辐射；土壤通量	红寺堡区汇达酒庄	罗山及葡萄地	葡萄庄园1m、2m风速、PM2.5	葡萄基地	1 327.4	37.475 726°	106.124 252°	红寺堡区汇达酒庄

（续表）

序号	监测场名称	主要监测指标	建设地点	地貌类型	主要研究对象	树种类型	海拔（m）	纬度（N）	经度（E）	协作建设单位
17	贺兰山葡萄青铜峡产区远山监测点（梦沙泉酒庄）	1m、2m 垂直梯度风速；2mPM2.5 浓度	青铜峡梦沙泉酒庄	葡萄地	葡萄庄园 1m、2m 风速、PM2.5 浓度	葡萄基地	1 151.3	38.027 148°	105.906 471°	宁夏青铜峡梦沙泉酒庄
18	贺兰山葡萄青铜峡产区中山监测点（美贺酒庄）	1m、2m 垂直梯度风速；2mPM2.5	青铜峡甘城子美贺酒庄	荒漠草原及葡萄地	葡萄庄园 1m、2m 风速；PM2.5 浓度	葡萄基地	1 165.8	31.117 781°	105.892 624°	宁夏青铜峡美贺酒庄
19	固原市原州区黄铎堡镇须弥山自然保护区	2m、4m、6m、8m、9m、10m、12m、14m、16m、18m、20m 垂直梯度风速；2m、10m、20m 垂直梯度 CO_2 浓度、风向；2m、20m 垂直梯度负氧离子浓度；PM2.5 浓度、PM10 浓度、PM100 浓度；2m、20m 大气温度、大气相对湿度；2m、20m 气压	固原市原州区禅塔山林场	退耕还林地	油松及灌木林	退耕乔灌林地	2 181.3	36.226 591°	106.003 533°	宁夏固原市原州区林业和草原局；宁夏回族自治区退耕还林与三北工作站；固原市原州区禅塔山林场
20	贺兰山葡萄青铜峡产区近山监测点（西鸽酒庄）	1m、2m 垂直梯度风速；2mPM2.5 浓度	青铜峡梦西鸽酒庄	贺兰山及葡萄地	葡萄庄园 1m、2m 风速；PM2.5 浓度	葡萄基地	1 248.2	38.076 724°	105.787 747°	宁夏青铜峡西鸽酒庄

（续表）

序号	监测场名称	主要监测指标	建设地点	地貌类型	主要研究对象	树种类型	海拔（m）	纬度（N）	经度（E）	协作建设单位
21	贺兰山东麓荒山造林区风蚀监测场	1. 空间 10cm、50cm、100cm、150cm、200cm 垂直高度土壤风蚀监测； 2. 地表风蚀量监测； 3. 地表植被、林分生长、土壤养分等动态监测	贺兰山	各类葡萄基地、新开垦地、防护林地、樟子松人工林地、农田、封育林地等	1. 葡萄基地新开发地、不同林龄风蚀量监测； 2. 贺兰山各类典型地貌蚀量监测	葡萄、农田、樟子松、新疆杨等				贺兰山东麓
22	干旱风沙区主要植被区负氧粒子浓度动态监测	负氧粒子浓度调查监测	盐池县全区域主要植被类型	全县各类代表性地貌植被	负氧粒子浓度	定期监测				
23	沿贺兰山及银川周边降尘监测点	分别在贺兰山东麓葡萄基地和银川城区周边及永宁、河东机场等累计布点 11 个开展不同区域降尘监测	贺兰山葡萄基地和银川周边及永宁等	荒漠草原葡萄基地及景观林	长期定位监测各类地貌降尘	葡萄基地及环城区				贺兰山沿山区域

注：来源于宁夏农林科学院林业与草地生态研究所。